普通高等教育“十一五”国家级规划教材

高 职 高 专 计 算 机 教 材 精 选

数据结构（第2版）

张世和 徐继延 编著

清华大学出版社
北京

内容简介

本书是《数据结构》的第2版。全书对常用的数据结构做了系统的介绍，力求概念清晰，注重实际应用。主要内容包括：数据结构的基本概念；算法描述和算法分析初步；线性表、堆栈、队列、串、数组、树、图等结构；排序和查找的各种方法；另外还用一章的篇幅详细介绍了链式存储结构以加深读者的理解。每一章后面均列举了典型应用实例，并配有算法和程序以供教学和实践使用。

本书作为"高职高专计算机教材精选"之一，主要面向高职高专院校计算机类专业的学生，也可以作为大学非计算机专业学生的选修课教材和计算机应用技术人员的自学参考书。

图书在版编目（CIP）数据

数据结构/张世和，徐继延编著．—2版．—北京：清华大学出版社，2007.9（2024.3重印）
（高职高专计算机教材精选）
ISBN 978-7-302-15252-1

Ⅰ．数…　Ⅱ．①张…②徐…　Ⅲ．数据结构—高等学校：技术学校—教材
Ⅳ．TP311.12

中国版本图书馆CIP数据核字（2007）第073442号

责任编辑：谢　琛
责任校对：梁　毅
责任印制：沈　露

出版发行：清华大学出版社
网　　址：https://www.tup.com.cn，https://www.wqxuetang.com
地　　址：北京清华大学学研大厦A座　　**邮　　编**：100084
社 总 机：010-83470000　　**邮　　购**：010-62786544
投稿与读者服务：010-62776969，c-service@tup.tsinghua.edu.cn
质量反馈：010-62772015，zhiliang@tup.tsinghua.edu.cn
印 装 者：三河市君旺印务有限公司
经　　销：全国新华书店
开　　本：185mm×260mm　　**印　张**：12　　**字　　数**：273千字
版　　次：2007年9月第2版　　**印　　次**：2024年3月第16次印刷
定　　价：36.00元

产品编号：022348-04

前言

“数据结构”是计算机程序设计的重要理论基础，是计算机及其应用专业的一门重要基础课程和核心课程。它不仅是学习后继软件专业课程的先导，而且已成为其他工科类专业的热门选修课程。

本教材第1版列入“教育部高职高专规划教材”，第2版列入“普通高等教育‘十一五’国家级规划教材”，主要面向高职高专院校计算机类专业的学生，培养技术应用性人才。教材内容的构造力求体现“以应用为主体”，强调理论知识的理解和运用，实现专科教学以实践体系为主及以技术应用能力培养为主的目标。

本书共分9章。第1章阐述数据、数据结构和算法等基本概念。第2～7章分别讨论了线性表、栈、队列、串、数组、树和二叉树以及图等基本数据结构及其应用，其中，第3章专门总结了链式存储结构的基本概念和应用，为学好后面各类数据结构打好扎实的基础。第8～9章讨论查找和排序的各种实现方法和实用分析。

第2版教材对第1章至第8章中的“应用举例及分析”进行了大量实用例子的补充和调整，对每章的习题作了大量补充，并增加了实训题供学生独立完成。每章习题的参考答案汇集在配套的《数据结构习题解析与实训(第2版)》中。

本教材的特点有：

(1) 对基础理论知识的阐述由浅入深、通俗易懂。内容组织和编排以应用为主线，略去了一些理论推导和数学证明的过程，淡化算法的设计分析和复杂的时空分析。

(2) 各章(除第9章)都配有“应用举例及分析”一节，列举分析了很多实用的例子，这有助于学生加深对基础理论知识的理解和培养实际应用的能力。

(3) 考虑到此课程的先导课程是“C语言程序设计”，书中所有算法和程序的描述都采用可在计算机上调用运行的C语言函数和程序。这样，降低了算法设计的难度，使学生能更方便地在计算机上验证这些算法。书中算法所用的C语言编写函数和程序全部在PC机上用

Turbo C 调试通过。

(4) 配合本教材的教学,还编制了若干个多媒体课件,对加深理解基本概念起到更感性的效果。课件可在清华大学出版社的网站 http://www.tup.tsinghua.edu.cn 和上海应用技术学院计算机系网站 http://www.cs.sit.edu.cn 下载,或通过 E-mail 向徐继延老师索取:xjy@sit.edu.cn。

(5) 最后的附录 A 汇总了本书各章中介绍各类数据结构时用到的数据结构类型说明,供学生在上机时参考使用。

本教材讲课时数可为 50~60 学时。上机时数可灵活安排。教师可根据学时数、专业和学生的实际情况选讲应用举例中一些较难的例子。

由于编写教材时间紧张,难免存在疏漏,敬请读者批评指正。

作　者
2007 年 4 月

目录

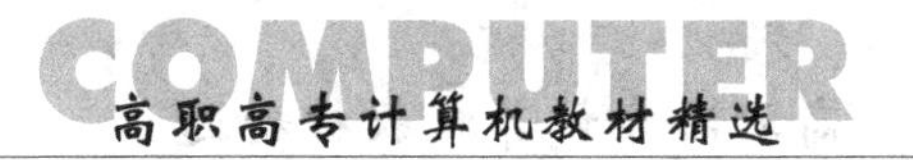

第1章 绪论

1.1 引言

电子计算机是20世纪科学技术最卓越的成就之一。自1946年第一台电子计算机问世以来,计算机产业和应用的发展远远超出了人们对它的预料。如今,计算机的应用已不再局限于科学计算,而更多地用于数据处理、信息管理、实时控制等非数值计算的各个方面。用数字计算机解决任何问题都离不开程序设计。为了编制"好"的程序,必须分析程序处理的数据的特性及数据之间的关系,这就是"数据结构"这门学科形成和发展的背景。

数据结构主要研究非数值应用问题中数据之间的逻辑关系和对数据的操作,同时还研究如何将具有逻辑关系的数据按一定的存储方式存放在计算机内。分析数据之间的逻辑关系和确定数据在计算机内的存储结构是程序设计前两个必须完成的任务。

处理非数值计算问题和数值计算问题的解决方案不同。例如,求解梁架结构中应力的数学模型为线性方程组,预报人口增长情况的数学模型为微分方程。但还有更多的非数值计算问题是无法用数学方程加以描述的。

例 1-1 某单位职工档案的管理。

表1.1中的职工档案表就是一个数据结构。计算机档案管理的主要功能包括查找、浏览、插入、修改、删除、统计等。如果把表中的一行看成一个记录并称为一个结点,则在此表中,结点和结点之间的关系是一种最简单的线性关系。

表 1.1 某单位职工档案表

工号	姓名	性别	出生年月	婚否	学历	进厂日期
0001	张丽萍	女	08/21/1962	已	大专	09/01/1984
0005	李小明	男	04/06/1972	未	大学	04/10/1996
0006	王冠英	男	06/06/1942	已	高中	03/12/1961
⋮	⋮	⋮	⋮	⋮	⋮	⋮

例 1-2 某学校教师的名册。虽然可以用例 1-1 中的二维表格将全校教师的名单列出，但采用图 1.1 所示的结构更好。它像一棵根在上而倒挂的树，清晰地描述了教师所在的系和教研组，这样一来可以从树根沿着某系某教研组很快找到某个教师，查找的过程就是从树根沿分支到某个叶子的过程。类似于树这样的数据结构可以描述家族的家谱、企事业单位中的人事关系，甚至可用树来反映人机下棋的动态过程等。

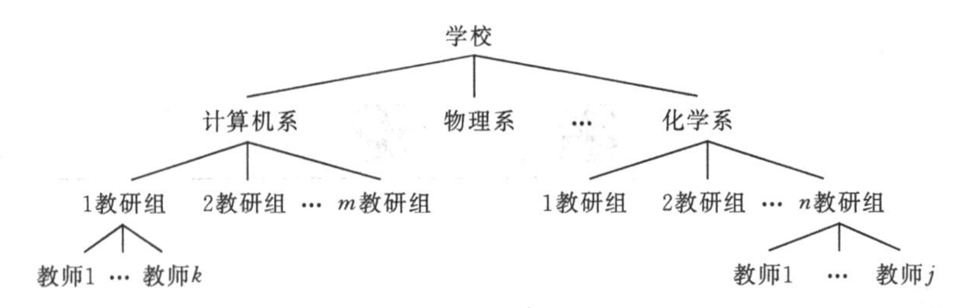

图 1.1 某学校教师名册

例 1-3 在 n 个城市之间建立通信网络，要求在其中任意两个城市之间都有直接的或间接的通信线路，在已知某些城市之间直接通信线路预算造价的情况下，使网络的造价最低。

当 n 很大时，这样的问题只能用计算机来求解。我们可以用图 1.2(a)中描述的关系来说明：图中的小圆圈表示一个城市，两个圆圈之间的连线表示对应城市之间的通信线路，连线上的数值表示该通信线路的造价。这一描述的结构为图状结构，利用计算机可以求出满足要求的最小造价通信网络，如图 1.2(b)所示。

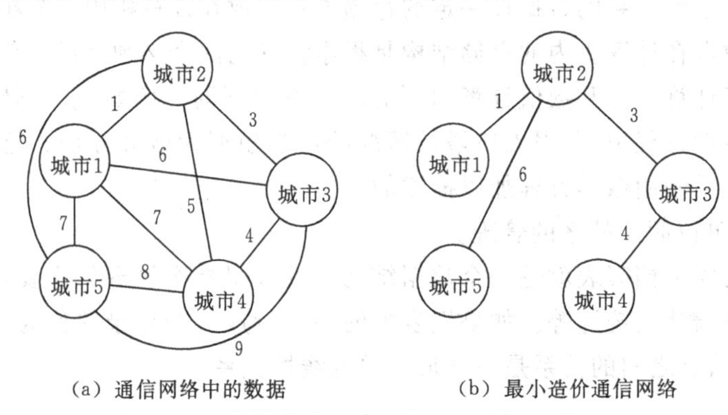

(a) 通信网络中的数据　　(b) 最小造价通信网络

图 1.2 用图描述通信网络问题

通过上面三个例子可以看出：数据结构中元素和元素之间存在着逻辑关系，而线性表，树，图是三种基本的逻辑结构，其他各类的数据结构都是由这三种基本结构派生的。数据结构就是解决如何分析数据元素之间的关系、如何确立合适的逻辑结构、如何存储这些数据，并对为完成数据操作所设计的算法作出时间和空间的分析。"数据结构"在计算机科学中是一门综合性的专业基础课，它不仅是一般程序设计(特别是非数值计算的程序设计)的基础，而且也是设计和实现编译程序、操作系统、数据库系统及大型应用程序的重要基础。

简单来说，数据结构是研究程序设计中非数值计算的数据以及它们之间的关系和操作等的一门课程，重点分析数据之间抽象的相互关系，不涉及数据的具体内容。

1.2 基本概念和术语

数据(data) 是指所有能输入到计算机中并被计算机程序处理的符号的总称。计算机输入和处理的数据除数值外，还有字符串、表格、图像甚至声音等，它们都是数字编码范畴。

数据元素(data element) 数据的基本单位，在计算机程序中通常作为一个整体进行考虑和处理。一个数据元素可以由若干个数据项组成，也可以只由一个数据项组成。数据元素又被称为元素、结点(node)或记录(record)。

数据项(data item) 是指数据的不可分割的、含有独立意义的最小单位，数据项有时也称字段(field)或域。上面的职工档案表格是要存放到计算机中进行处理的数据，表中每一行记录了一个职工的档案信息，在数据操作中作为一个整体考虑，对应为一个数据元素，又称为一个记录。这个记录中包含有工号、姓名、学历等若干个数据项。操作的基本单位是记录，如职工的插入或删除一定是作用于一个职工的全部信息即一个记录，而不可能是作用于其中的某个数据项。设想删除操作只删除某个职工的姓名或工号，将引起数据的不完整等严重后果。每个数据项(如职工的姓名或工号)均有独立的含义，但在档案管理这个实际问题中并无完整的意义，而组合在一个记录中构成职工的档案，就具有了完整的实际意义。数据、数据元素、数据项实际上反映了数据组织的三个层次：数据可由若干个数据元素构成，而数据元素又可以由一个或若干个数据项组成。

数据逻辑结构(data logical structure) 数据结构主要是研究数据元素之间的关联方式。数据元素之间存在的一种或多种特定的关系被称为数据的逻辑结构。通常有集合、线性结构、树形结构和图状结构四类基本结构。见图 1.3。

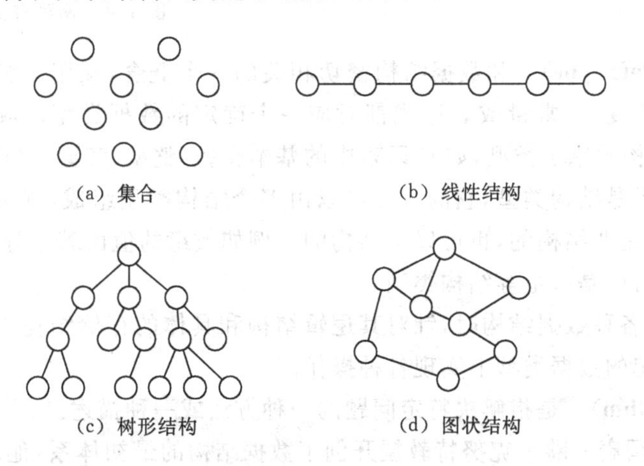

图 1.3 四类基本逻辑结构的示意图

数据物理结构(data physical structure) 数据在计算机中的存放方式称为数据的物理结构，又称存储结构。数据的存储结构是逻辑结构在计算机存储器中的实现。数据元素在计算机中主要有两种不同的存储方法,即顺序存储结构和链式存储结构。顺序存储的特点是在内存中开辟一组连续的空间(高级语言中的数组)来存放数据,数据元素之间的逻辑关系通过元素在内存中存放的相对位置来确定,又称向量存储。链式存储的特点是通过指针反映数据元素之间的逻辑关系,又称动态存储。

数据的逻辑结构和物理结构是数据结构的两个密切相关的方面,同一逻辑结构可以对应不同的存储结构。算法的设计取决于数据的逻辑结构,而算法的实现依赖于指定的存储结构。

例如,10以内的奇数1,3,5,7,9用顺序存储结构的方式依次存放在以300为起地址的内存向量中,并且两个字长存放一个奇数,如图1.4(a)所示。在顺序存储结构中,如要读取第三个奇数,它的地址可以通过起地址和要读取奇数的位置序号计算得到。若本例中的奇数改用链式存储结构存放,那么,第一个奇数存放在地址为300的内存单元中,第二个奇数存放的地址和第一个奇数存放的地址无关,但第二个奇数所在的地址存放在第一个奇数相关的指针中,后面奇数的存放也按如此的规律。设两个字长存放一个奇数,一个字长存放一个指针,如图1.4(b)所示。在链式存储结构中,如要读取第三个奇数,只能从第一个奇数所在的地址开始,通过第一个奇数关联的指针得到第二个奇数存放的地址105,再找到第三个奇数存放的地址400,才能读出。从以上的例子和分析看,数据结构主要就是研究数据的逻辑结构、相应的存储结构以及完成数据操作的算法设计。

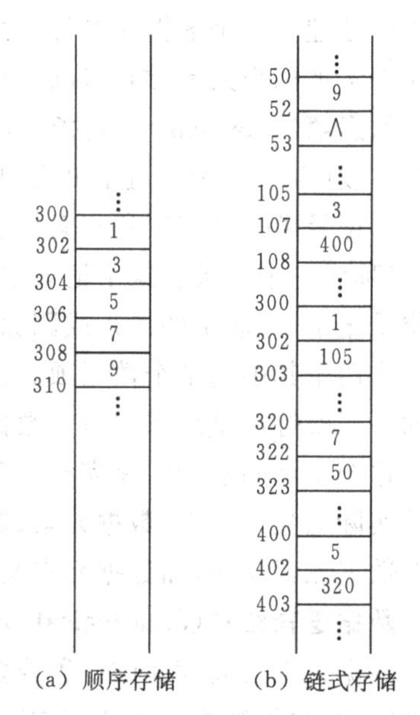

图1.4 两种存储结构的示意图

数据类型(data type) 和数据结构密切相关的一个概念,在用高级程序设计语言编写的程序中,每个变量、常量或表达式都对应一个确定的数据类型。数据类型可分为两类:一类是非结构的原子类型,如C语言中的基本类型(整型、实型、字符型等)、指针类型和空类型;另一类是结构类型,它的成分可以由多个结构类型组成,并可以分解。结构类型的成分中可以是非结构的,也可以是结构的。例如数组的值由若干分量组成,每个分量可以是整数,也可以是数组等结构类型。

本书在讨论各种数据结构时,针对其逻辑结构和具体的存储结构给出对应的数据类型,进一步在确定的数据类型上实现各种操作。

算法(algorithm) 是指解决特定问题的一种方法或一种描述。

1968年,美国唐·欧·克努特教授开创了数据结构的最初体系,他所著的《计算机程序设计技巧》第一卷《基本算法》是第一部较系统地阐述数据的逻辑结构、存储结构及算法的著作。20世纪70年代初,大型程序出现,软件业飞速发展,结构化程序设计成为程序设计方法学的主要内容,人们越来越重视数据结构,认为程序设计的实质是确定数据的结构,加上设计一个好的算法,也就是人们所说的"程序=数据结构+算法"。

1.3 算法描述

程序设计人员需要对程序处理的问题准确理解，只有准确理解问题后才能研究出解决问题的方法。算法是指解决问题的一种方法或过程描述。如果将问题看作函数，那么算法能把输入转化为输出。解决一个问题可以有多种算法，但一个给定的算法只能解决一个特定的问题。例如对一组数据的排序，可给出 5 种甚至更多种的排序算法。可以用多种算法求解问题的优点在于：根据问题的具体限定条件，可以选用合适的算法求解。例如，有的排序算法适合于元素个数少的序列，有的算法适合于元素个数多的序列，有的算法则适合于定长数值型数据的排序。计算机程序就是用某种程序设计语言去具体地实现一个算法，或称为代真。本书中主要介绍各种算法，并给出一部分算法对应的 C 语言程序。当然使用其他的程序设计语言也可以实现算法的代真。综上所述，问题、算法、程序是三个互相关联的不同概念。

1.3.1 算法的重要特性

- 正确性　它必须解决具体的问题，完成所期望的功能，给出正确的输出。
- 确定性　算法执行的每一步和下一步必须确定，不能有二义性。
- 有限性　一个算法必须由有限步组成。无限步组成的算法无法用计算机程序来实现。因此算法必须可以终止，不能进入死循环。
- 输入　一个算法有零个或多个输入。
- 输出　一个算法有一个或多个输出。

1.3.2 数据结构上的基本操作

基本操作主要有以下几种：
- 查找　寻找满足特定条件的数据元素所在的位置。
- 读取　读出指定位置上数据元素的内容。
- 插入　在指定位置上添加新的数据元素。
- 删除　删去指定位置上对应的数据元素。
- 更新　修改某个数据元素的值。

根据操作的结果可将操作分为两种基本类型：
- 加工型操作　其操作改变了原逻辑结构的“值”，如数据元素的个数、某数据元素的内容等(一般不考虑改变逻辑结构的类型)。上面基本操作中的后三种操作均为加工型操作。
- 引用型操作　其操作不改变原逻辑结构的“值”，只是查找或读取。

1.3.3 算法的描述方法

算法的描述方法有很多，根据描述算法语言的不同，可将算法分为以下四种：
- 框图算法描述　这种描述方法在算法研究的早期曾流行过。它的优点是直观、易懂,但用来描述比较复杂的算法就显得不够方便,也不够清晰简洁。

- 非形式算法描述　用中文语言,同时还使用一些程序设计语言中的语句来描述算法,这称为非形式算法描述。
- 类C语言算法描述　类C语言算法又称为伪语言算法。这种算法不能直接在计算机上运行,但专业设计人员经常使用类C语言来描述算法,它容易编写、阅读和统一格式。
- C语言编写的程序或函数　这是可在计算机上运行并获得结果的算法,使给定问题能在有限时间内被求解,通常这种算法也称为程序。

下面以求两个整数 $m,n(m\geqslant n)$ 的最大公因子为例来看看不同的算法描述的方法。

(1) 该问题的框图描述如图1.5所示。

(2) 非形式算法描述:

a. [求余数] 以 n 除 m,并令 r 为余数 $(0\leqslant r<n)$;

b. [余数是零否] 若 $r=0$ 则结束算法,n 就是最大公因子;

c. [替换并返回a] 若 $r\neq 0$ 则 $m\leftarrow n$,$n\leftarrow r$ 返回a。

(3) C语言函数描述:

```
int max_common_factor (int m, int n)
{
    int r ;
    r = m % n;
    while (r != 0)
        {m = n ; n = r ; r = m % n;}
    return n ;
}
```

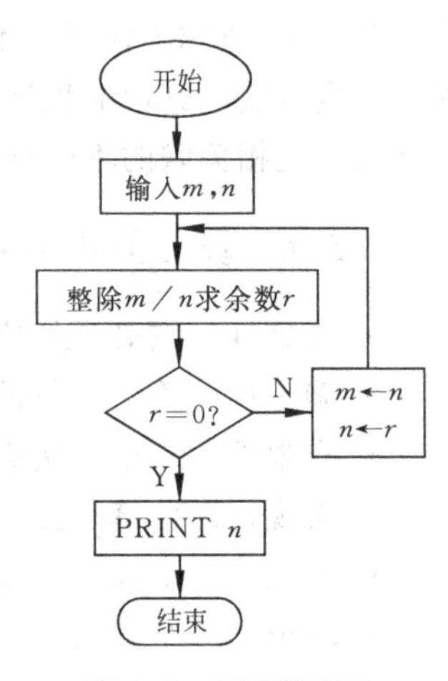

图1.5　框图描述法

本书主要介绍算法的思路和实现过程,且尽可能地将算法对应的C语言函数或程序提供给读者阅读或上机运行,以便更好地理解算法。C语言函数或程序用到的数据类型说明的详细列表见附录A。

1.4　算法分析

1.4.1　算法设计的要求

设计一个"好"的算法应考虑以下几个方面:

- 易读性　算法应易于阅读和理解,以便于调试、修改和扩充。
- 健壮性　正确的输入能得到正确的输出这是算法必须具有的特性之一。但当遇到非法输入时,算法应能作出反应或处理(如提示信息等),而不会产生不需要的或不正确的结果。
- 高效率　即达到所需的时空性能。一个算法的时空性能是指该算法的时间性能(时间效率)和空间性能(空间效率)。解决同一问题如果有多个算法,执行时间短的算法时间效率高，而存储量和辅助空间量少的算法空间效率高。这两者都和问题的规模有关。

1.4.2 算法时间效率的度量分析

本节重点介绍算法的时间效率分析的基础知识。算法运行的时间分析和程序运行的时间分析有区别。同一算法由不同的编程员所编出来的程序有优劣之分，程序运行的时间也就有所不同；程序在不同的机器上运行的速度又和机器本身的速度有关。我们感兴趣的是对解决问题的算法作时间上的度量分析，或对解决同一问题的两种或两种以上的算法运行的时间加以比较。我们称这种度量分析为算法的时间复杂度分析。它可以估算出当问题的规模变大时，算法运行时间增长的速度。这种分析实际上是一种数学化了的估算方法。

估算算法运行时间的基本考虑是：确定问题的"规模"和确定算法执行"基本操作"的次数。一个算法的"规模"和"基本操作"要视具体算法而定。"规模"一般是指输入量的数目，比如在排序问题中，问题的规模可以是被排序的元素数目。"基本操作"一般是指在某个数据类型上的"标准操作"，比如两个整数相加、比较两个整数的大小等都可以视为是基本操作。

例 1-4 查找一维 n 元整数数组中最大元素的算法。该算法从数组中下标为 0 的元素开始，遍历数组中的所有元素，在遍历过程中，将当前最大元素保存在变量 currlarge 中。下面是对应的算法：

```
int largest (int * array, int n)
{
    int currlarge, i ;
    currlarge = array[ 0 ] ;
    for(i = 1; i < n ; i++)
       if (array[i] > currlarge) currlarge = array[i];
    return currlarge ;
}
```

其中，数组 array 中存放有 n 个整数，则问题的规模为 n。基本操作是"比较"，即将数组中的一个整数和现有的最大整数作比较。影响算法运行时间的最主要的因素就是输入规模 n，我们经常把运行算法所需要的时间 T 写成输入规模 n 的函数，记作 $T(n)$。

我们把 largest 函数中比较一个元素所需要的时间记作 c_1，"比较"这一基本操作是对数组中每一个元素都要做的工作。算法主要考虑这一基本操作所花的时间，忽略当找到一个新的最大元素时要做的工作的时间，也不考虑函数初始化时所需要的时间，这样就能得到运行该算法的一个合理的近似时间。因此，运行 largest 函数的总时间可近似地认为是 c_1n。largest 函数运行的时间代价可以用下面的等式来表示：$T(n)=c_1n$。这个等式表明了顺序检索数组中最大元素的算法的时间是随着 n 的增长而线性增长。

例 1-5 将一个整数数组的第一个元素值赋给另一个变量。完成这一功能所需要的时间是固定的。无论这个数组有多大，复制一个元素值的时间总是确定的，记作 c_2。因此该算法运行时间代价的等式就是 $T(n)=c_2$。输入规模即 n 的大小对运行时间不产生影响。这个等式称为常数运行时间。

例 1-6 再看下面一个算法段：

```
sum = 0;
for (i = 1; i <= n; i++)
  for(j = 1; j <= n; j++)
sum++;
```

显然，随着 n 的增大，其运行时间也会增大。本例的基本操作是 sum 的累加，假设这个基本操作所需要的时间为 c_3，忽略了初始化 sum 的时间和循环变量 i 和 j 累加的时间，基本操作总次数为 n^2，因此，该算法运行时间代价可用下面的等式来表示：$T(n)=c_3 \cdot n^2$。

增长率的概念是非常重要的。它可以帮助我们比较算法的运行效率。图 1.6 给出了五个常见的运行时间函数的曲线，每一条曲线反映出某种算法的时间代价，显示了不同算法的增长率。标记为 $100n$ 的函数为一直线，增长率称为线性增长率。这说明，当 n 增大时，算法的运行时间线性增大。如果算法的运行时间函数中含有如 n^2 这样的高次项，则称为二次增长率，图中标有 $5n^2$ 的曲线就代表二次增长率。标有 2^n 的曲线属于指数增长率。

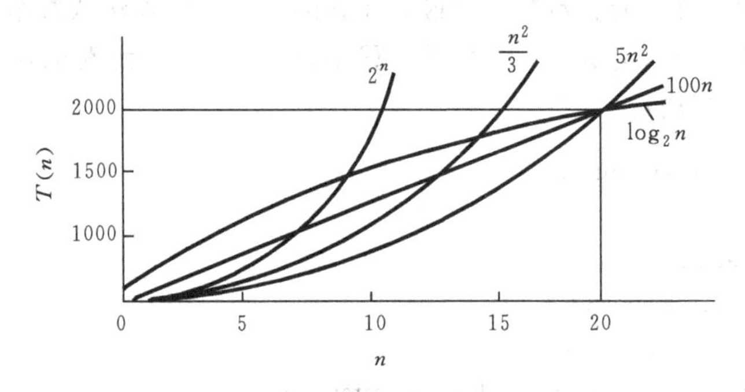

图 1.6 常见函数的增长率

由于算法的时间复杂度分析只考虑相对于问题规模 n 的增长率，因而，在难以精确计算基本操作执行次数的情况下，只要求出它关于 n 的增长率即可。我们可以在计算任何算法运行时间代价时，忽略所有的常数和低次项，用 O 表示法来表示算法的时间复杂度。例 1-4 中算法的时间复杂度为 $O(n)$，例 1-5 中算法的时间复杂度为 $O(1)$，例 1-6 为 $O(n^2)$，分别称为线性阶、常量阶和平方阶。如果某算法的运行时间代价为 $O(5n^2+n)$，可以忽略其中的低次项和常数，而视该算法的时间复杂度为 $O(n^2)$。算法的时间复杂度还有对数阶 $O(\log_2 n)$、指数阶 $O(2^n)$等。

1.5 应用举例及分析

例 1-7 用 C 语言描述下列算法，并给出算法的时间复杂度。

(1) 求一个 n 阶方阵的所有元素(正整数)之和。对应的算法如下：

```
int sum (int A[n][n], int n)
{
    int i, j, s = 0;
    for ( i = 0; i < n; j++)
        for (j = 0; j < n; j++)
            s = s + A[i][j];
    return( s );
}
```

本算法的时间复杂度为 $O(n^2)$。

此算法中的基本操作是“s=s+A[i][j];”语句,问题的规模和 n 有关。算法中含有双重 for 循环语句,其中外循环 n 次。对每一次外循环,内循环执行“s=s+A[i][j];”语句 n 次。总的“s=s+A[i][j];”语句共执行 n^2 次,时间复杂度为 $O(n^2)$。

(2) 对于输入的任意 n 个整数,输出其中的最大和最小元素。对应的算法如下:

```
void maxmin ( int A[], int n, int &max, int &min)
{
    int i;
    max = min = A[0];
    for ( i = 1; i < n; i++)
        {if (A[i] > *max) max = A[i];
         if (A[i]< *min) min = A[i];
        }
}
```

本算法的时间复杂度为 $O(n)$。

算法中只含有一个 for 循环语句,共执行 n 次。每一次或执行“if(A[i]> * max)max=A[i];”语句,或执行“if(A[i]< * min)min=A[i];”语句。时间复杂度为 $O(n)$。

例 1-8 判断以下叙述的正确性。

(1) 数据元素是数据的最小单位。

错误。数据元素是数据的基本单位,在计算机程序中通常作为一个整体来考虑和处理。一个数据元素可以由若干个数据项组成,也可以只有一个数据项组成。数据项是数据的不可分割的有独立含义的最小单位。

(2) 数据对象是由一些类型相同的数据元素构成的。

正确。在数据对象上实现某些操作,首先要确定数据结构。而数据对象必须是由类型相同的数据元素所构成。

(3) 数据的逻辑结构与数据元素在计算机中如何存储有关。

错误。数据在计算机中如何存储称为数据的物理结构,又称存储结构。数据的逻辑结构和物理结构是数据结构的两个密切相关的方面,同一逻辑结构的数据可以对应不同的存储结构。

(4) 逻辑结构相同的数据,可以采用多种不同的存储方法。

正确。

例 1-9 当为解决某一问题而选择数据对象的数据结构时,应从哪些方面考虑?

从两方面考虑，第一是以此结构为基础实现的算法所需的存储空间量，第二是算法所需的时间。时间考虑包括程序运行时所需输入的数据总量；程序中指令重复执行的次数，也就是估算当问题的规模变大时，算法运行时间增长的速度。

习　题

1-1　简述下列术语：数据、数据元素、数据项、数据逻辑结构、数据存储结构、数据类型、算法。

1-2　分析下面语句段执行的时间复杂度。

```
(1) for (i = 1; i <= n ; i ++)
        for (j = 1; j <= n ; j ++)
          s ++;
(2) for (i = 1; i <= n ; i ++)
        for (j = i; j <= n ; j ++)
          s ++;
(3) for (i = 1; i <= n ; i ++)
        for (j = 1; j <= i; j ++)
          s ++;
(4) i = 1; k = 0;
    while (i <= n - 1) {
        k += 10 * i;
        i ++;
    }
```

1-3　试画出与下列程序段等价的框图。

```
(1) p = 1; i = 1;
    while ( i <= n ) {
          p * = i;
          i ++;
    }
(2) i = 0;
    do {
        i ++;
    }while (( i !=n) && ( a[i] != x ));
```

1-4　按 n 的增长率由小至大顺序排列下列各函数。

$$(2/3)^n,\ (3/2)^n,\ n^2,\ n^n,\ n!,\ 2^n,\ n,\ \log_2 n,\ n^3$$

1-5　写一算法，自大至小依次输出顺序读入的三个整数 X、Y 和 Z 的值。

1-6　编一程序，输出所有小于等于 n(n 为一个大于 2 的正整数)的素数。

实 训 题

1-7 举出一个数据结构的例子,叙述其逻辑结构、存储结构及在其结构上的操作内容。

1-8 判断以下叙述的正确性。

(1) 数据项是数据的最小单位。

(2) 数据的物理结构是指数据在计算机内的实际的存储形式。

(3) 顺序存储方式只能用于存储线性结构。

(4) 逻辑结构不相同的数据,要采用不同的存储方法来存储。

1-9 编一程序,计算任一输入的正整数的各位数字之和。

线 性 表

数据结构分线性结构和非线性结构。第 2 章、第 4 章、第 5 章分别介绍各种线性的数据结构，包括线性表、栈、队列、数组和串。线性结构的特点是在数据元素的非空有限集合中：

- 存在唯一的“第一个”数据元素；
- 存在唯一的“最后一个”数据元素；
- 除第一个数据元素之外，集合中的每一个数据元素都只有一个前驱；
- 除最后一个数据元素之外，集合中的每一个数据元素都只有一个后继。

2.1 线性表的定义及逻辑结构

线性表是线性结构中最常用而又最简单的一种数据结构。可以简单定义为：一个线性表是 n 个数据元素的有限序列。例如从 1～30 的质数可以放在一个线性表中：(1,2,3,5,7,11,13,17,19,23,29)。一个星期中的七天可放在一个线性表中：(星期一、星期二、……星期六、星期日)。又如，一个学校的学生健康情况登记表如表 2.1 所示，表中每一个学生的情况为一个记录，它由姓名、学号、性别、年龄、班级和健康状况等六个数据项组成。

表 2.1 学生健康情况登记表

姓　名	学　号	性　别	年　龄	班　级	健康状况
王　林	950631	男	18	计 18	健康
蔡　明	950632	男	20	计 18	一般
张立华	950730	女	19	计 19	健康
吴　红	950731	女	21	计 19	一般
⋮	⋮	⋮	⋮	⋮	⋮

从上面的例子中可以看出，线性表中的数据元素可以是各种各样的，但同一表中的元素必定具有相同特性。表中的一个数据元素可以由若干个数据项组成，也可以只由一个数据项组成，通常把数据元素称为记录，有大量记录的线性表称为文件。

线性表的长度 $n(n\geqslant 0)$ 就是表中数据元素的个数。$n=0$ 时，称为空表，$n>0$ 时，线性表的表示形式为$(a_1,a_2,\cdots,a_n)$。

线性表具有线性结构的特点，表中 a_i 元素的直接前驱元素是 a_{i-1}，a_i 元素的直接后继元素是 a_{i+1}。数据元素在线性表中的位置只取决于它的序号。

线性表	$(a_1,$	$a_2,$	$a_3,$	$\cdots,$	$a_{n-1},$	$a_n)$
序号	1	2	3		$n-1$	n

2.2 线性表的基本操作

(1) INITIATE(L)　初始化操作函数。生成一个空的线性表 L。

(2) LENGTH(L)　求表长度的函数。函数值为线性表 L 中数据元素的个数。

(3) GET(L, i)　取表中元素的函数。当 $1\leqslant i\leqslant$ LENGTH(L)时，函数值为线性表 L 中第 i 个数据元素，否则返回一特殊值。i 是该数据元素在线性表中的位置序号。

(4) LOCATE(L, x)　定位函数。给定值 x，在线性表 L 中若存在和 x 相等的数据元素，则函数返回和 x 相等的数据元素的位置序号，否则返回 0。若线性表中存在一个以上的和 x 相等的数据元素，则函数返回多个位置序号中的最小值，也就是表中第一个和 x 相等的元素的位置序号。

(5) INSERT(L, b, i)　插入操作。在给定线性表 L 中第 i($1\leqslant i\leqslant$LENGTH(L)+1)个数据元素之前插入一个新的数据元素 b，使原来线性表的长度 n 变成 $n+1$。

(6) DELETE(L, i)　删除操作。删除在给定线性表 L 中第 i($1\leqslant i\leqslant$LENGTH(L))个数据元素，使原来线性表的长度 n 变成 $n-1$。

(7) EMPTY(L)　判空表函数。若 L 为空表，则返回布尔值“真”，否则返回布尔值“假”。

(8) CLEAR(L)　表置空操作。不管原来的线性表 L 是空表还是非空表，操作结果将 L 表置空。

以上基本操作中，(1)，(5)，(6)，(8) 是加工型操作，其他都是引用型操作。

2.3 线性表的顺序存储结构

线性表的顺序存储是计算机中最简单、最常用的一种存储方式，即用一组地址连续的存储单元依次存放线性表的元素。由于同一线性表中元素的类型相同，可设定一个元素占用 b 个存储单元，表中第一个元素存放的地址作为线性表的存储起地址 LOC(a_1)，用 h 来表示。

线性表顺序存储的特点是：表中相邻的元素 a_i 和 a_{i+1} 所对应的存储地址 LOC(a_i) 和地址 LOC(a_{i+1})也是相邻的。也就是说表中元素的物理关系和逻辑关系是一致的。只要知道线性表的起始地址 LOC(a_1)$=h$ 和一个元素占用的存储单元 b，表中任意一个元素的存储起地址可用公式得到：LOC(a_i)=LOC(a_1)+$(i-1)b(1\leqslant i\leqslant n)$。本书中将顺序存储结构的线性表称为顺序表。

下面是顺序表的逻辑表示和对表中元素存储地址计算的分析示意：

逻辑表示	(a_1,	a_2,	a_3,	…,	a_i,	…,	a_{n-1},	a_n)
元素在表中的位置序号	1	2	3		i		$n-1$	n
存储地址	h	$h+b$	$h+2b$		$h+(i-1)b$			$h+(n-1)b$

从计算公式可以看出，计算顺序表中每一个元素的存储起地址的时间是相同的，读取表中元素所花的时间也是一样的。顺序表中任一元素都可以随机存取，所以线性表的顺序存储结构是一种随机存取的存储结构。在这种结构上很容易实现线性表的某些操作，如随机存取表中第 i 个元素等。但是，从下面对表中插入元素和删除元素的操作中可看到，因这些操作需要移动元素而要花去大量的时间。

2.4 基本操作在顺序表上的实现

2.4.1 顺序表上元素的插入

插入操作是指在长度为 n 的线性表中第 i ($1 \leqslant i \leqslant n$) 个元素之前插入一个元素 x，使长度为 n 的线性表变为长度为 $n+1$ 的线性表。顺序表的数据类型描述如下：

```
#define  DATATYPE1  int
#define  MAXSIZE    100

typedef struct
{ DATATYPE1 datas[MAXSIZE];
  int last;
}SEQUENLIST;
```

算法的思路是：因为要使插入元素后的线性表仍具有线性表的结构特征，必须将元素 a_i,…,a_n 逐一向后移动一个位置，腾出第 i 个位置，然后，再将 x 置入该位置中，表长加1。这里移动次序十分重要，从逻辑上考虑，只能按 a_n, a_{n-1}, …,a_i 的次序进行，先将 a_n 向后移一位，再将 a_{n-1}移到 a_n 原来的位置上，依次类推，直到将 a_i 移到 a_{i+1}原来的位置上，才能将 x 置入原 a_i 所在的位置中。这样，原线性表在插入新元素以后仍为一线性表。图 2.1给出了顺序表在插入元素前后的状况图。并给出了在顺序表中插入元素的算法。这里要特别注意的是：C 语言中数组的下标从“0”开始，因此，若 a 是 SEQUENLIST 类型的顺序表，则表中第 i 个元素在 C 语言数组中对应 a. datas[i−1]。

顺序表初始化函数如下：

```
void init_sequelist (SEQUENLIST a)
{
   a. last = 0 ;
   return ;
}
```

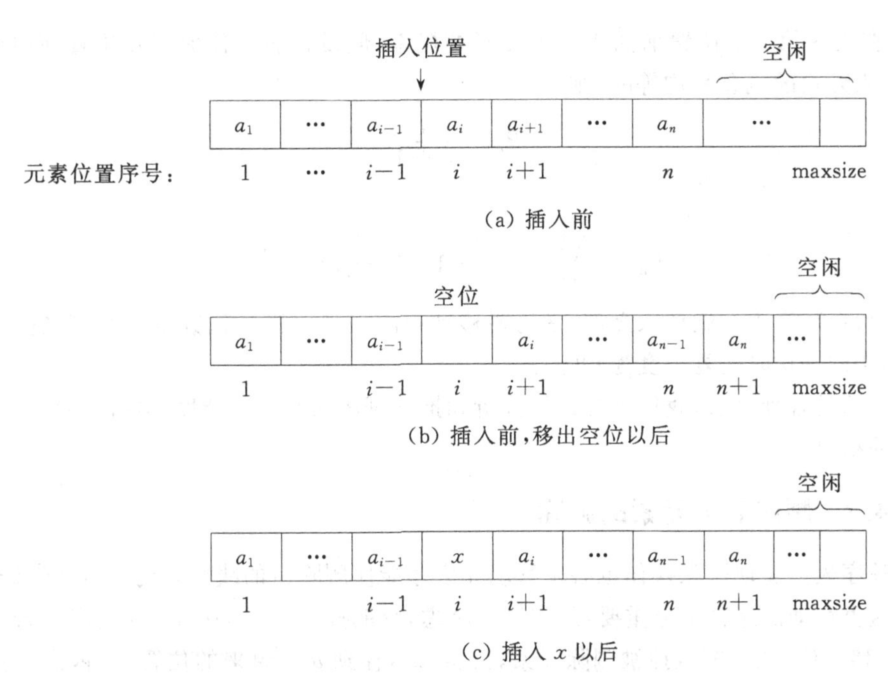

图 2.1　顺序表插入一个元素的过程示意图

顺序表中插入一个元素的算法如下：

```
int insert (SEQUENLIST a, DATATYPE1 x, int i)
// 将新元素 x 插在顺序表 a 的第 i (1 ≤ i ≤ a.last + 1)个元素的前面
{
  int k;
  if (i < 1 || i > a.last + 1 || a.last >= MAXSIZE)
     rerurn 0;
  else {
        for (k = a.last ; k >= i ; k --)
             a.datas[ k ] = a.datas[k - 1];
        a.datas[i - 1] = x;
        a.last = a.last + 1;
        return 1; }
}
```

现在分析上面插入算法的时间复杂度。设表长 a.last 为 n。该插入算法的基本操作是元素后移操作。执行元素后移的次数是 $n-i+1$。可以看到移动元素的次数不仅和表长有关，而且还与插入元素的位置 i 有关。当 $i=n+1$ 时，无须移动元素，当 $i=1$ 时，则元素后移将执行 n 次，也就是说该算法在最好情况下时间复杂度是 $O(1)$，最坏情况下时间复杂度是 $O(n)$。进一步分析算法的平均性能：考虑在长度为 n 的线性表中插入一个元素，令 E_{is} 为移动元素的平均次数，在表中第 i 个元素前插入一个元素要移动元素的次数为 $n-i+1$，故

$$E_{is} = \sum_{i=1}^{n+1} P_i(n-i+1)$$

P_i 表示在表中第 i 个位置前插入一个元素的概率,假设在表中任何有效位置前($1 \leqslant i \leqslant n+1$)插入元素的机会是均等的,则

$$P_i = \frac{1}{n+1}$$

因此

$$E_{is} = \sum_{i=1}^{n+1}(n-i+1)/(n+1) = \frac{n}{2}$$

也就是说,在顺序表上做插入操作,平均要移动表的一半元素。就数量级而言,它是线性阶的,算法的平均时间复杂度为 $O(n)$。

对后面的各种算法,我们不再详细分析和推导算法的时间复杂度,对有些算法则只给出推导的结果。

2.4.2 顺序表上元素的删除

在顺序表上实现删除操作也必须移动元素才能使删除后的线性表仍具有线性结构的特征。这里移动次序也十分重要,从逻辑上考虑,只能按 $a_{i+1}, a_i, \cdots, a_n$ 的次序进行,先将 a_{i+1} 向前移一位,从而覆盖掉被删除元素,再将 a_{i+2} 移到 a_{i+1} 原来的位置上,依次类推,直到将 a_n 移到 a_{n-1} 原来的位置上,并将表长减 1。下面是在顺序表上删除第 i 个元素的算法:

```
int delete (SEQUENLIST a , int i)
// 在顺序表 a 中删除第 i 个元素
{
int k ;
if (i < 1 || i > a.last || a.last == 0)
   return 0;
else { for (k = i ; k < a.last ; k ++)
          a. datas[k - 1] = a.datas[k];
     a. last --;
     return 1; }
}
```

如果希望被删除元素在删除前保留起来以备后用,可在上面的程序中,在移动元素 for 语句前加一条语句:x=a. datas[i];程序的修改和调试留给读者完成。

2.4.3 顺序表上元素的定位

这是一个引用型操作,对线性表中的元素只有访问没有变动,所以无移动元素的操作。基本操作是判定表中元素值是否和给定值 x 相等。算法如下:

```
int locate (SEQUENLIST a, DATATYPE1 x)
// 顺序表 a 中存在和给定值 x 相等的元素,返回该元素在表中的位置(从 1 算起),
// 否则返回 0
```

```
{
    int k;
    k = 1;
    while (k <= a.last && a.datas[k - 1] != x)
        k++;
    if (k <= a.last)
        return k ;
    else return 0;
}
```

在顺序表上做元素的删除操作和定位操作的算法的时间复杂度均为 $O(n)$。

2.5 应用举例及分析

例 2-1 已知顺序表中元素值递增有序。用算法实现将元素 x 插到表中适当的位置上，以保持顺序表的有序性，且分析算法的时间复杂度。

```
void insert_x_seqlist (SEQUENLIST a, int x)
{
    int i,m ;
    i = a.last;
    while ((i >= 1) && ( x < a.datas[i])) i--;
    for(m = a.last; m >= i + 1; m--) a.datas[m + 1] = a.datas[m];
    a.datas[i + 1] = x;
    a.last ++;
}
```

算法的时间复杂度均为 $O(n)$。算法中虽有两个循环语句，但并不嵌套，查找插入位置 i 的语句是"while((i>=1)&&(x<a.datas[i]))i--;"，最多执行 a.last 次，移动元素的语句是"for(m = a.last; m >= i + 1; m--)a.datas[m + 1] = a.datas[m];"，最多也执行 a.last 次，所以算法的时间复杂度为 O(a.last)+O(a.last)=O(2 * a.last)->O(n)。

例 2-2 将所有在顺序表 lb 中存在而在顺序表 la 中不存在的数据元素插入到表 la 中。

这个例子实现的思路是：从顺序表 lb 中依次取出每一个元素，并在顺序表 la 中查访，若在表 la 中不存在，则可插到表 la 中。而且每个插入到表 la 中的元素均统一规定插在表 la 的尾部，这样可节省算法执行的时间。过程中的查访和插入可调用前面的 locate 和 insert 函数。对应的算法如下：

```
void unite (SEQUENLIST la, SEQUENLIST lb)
{
    int i ;
    for ( i = 1 ; i <= lb.last ; i ++)
        if ( !locate (la , lb.datas[i -1] ))
            insert ( la, lb.datas[i -1], la.last + 1);
}
```

例 2-3 已知顺序表 la 和 lb 中的元素依值非递减有序排列,编写一算法将表 la 和 lb 归并到新的顺序表 lc 中,表 lc 中的元素也依值非递减有序排列。例如:

la=(3,6,9,11)

lb=(4,6,8,11,13,17,20)

则　　lc=(3,4,6,6,8,9,11,11,13,17,20)

从例子中可看到,表 lc 中的元素不是表 la 中的元素,就是表 lb 中的元素,表 lc 中元素的个数是 la 中元素个数和 lb 中元素个数之和。为了使表 lc 中元素也依值非递减有序排列,可设三个指针 i, j, k 分别指向 la、lb 和 lc 中对应的元素,当 la 的元素放入 lc 时,i, k 指针加 1,当 lb 的元素放入 lc 时,j, k 指针加 1,三个指针的初值均为 1。对应的算法如下:

```
void merge_sqlist(SEQUENLIST la,SEQUENLIST lb,SEQUENLIST lc)
{
  int i , j , k ;
  i = j = k = 1 ;
  while( i <= la.last && j <= lb.last )          //la 和 lb 均不空
     if( la.datas[i - 1] <= lb.datas[j - 1])
       {lc.datas[k - 1] = la.datas[i - 1] ;
        k++ ;
        i++ ; }
     else
       {lc.datas[k - 1] = lb.datas[j - 1] ;
        k++ ;
        j++ ; }
  while( i <= la.last )                          //lb 已空,la 非空
     {  lc.datas[k - 1] = la.datas[i - 1] ;
        k++ ;
        i++ ;}
  while( j <= lb.last )                          //la 已空,lb 非空
     {  lc.datas[k - 1] = lb.datas[j - 1] ;
        k++ ;
        j++ ;}
  lc.last = k - 1;                               //lc 表长
  return;
}
```

例 2-4 一元多项式相加。

数学上,n 阶一元多项式可以用下面的式子表示:$A(x)=a_nx^n+a_{n-1}x^{n-1}+\cdots+a_1x^1+a_0x^0(a_n\neq0)$,$A(x)$的阶数为 n。一个 n 阶一元多项式中含有 $n+1$ 项系数,并唯一确定,分别对应 x^n 的系数到 x^0 的系数。在计算机中,描述一个一元多项式,可用线性表表示 $A=(n,a_n,a_{n-1},a_{n-2},\cdots,a_1,a_0)$,其中第一个元素是阶数,后面都是系数,按阶次逐一递减排列,A 的长度是 $n+2$。数学上,一元多项式的另一种表示方法是:$A(x)=b_mx^{e_m}+b_{m-1}x^{e_{m-1}}+\cdots+b_1x^{e_1}$,式中每一项都是非零系数项,$b_i$ 是非零系数,e_i 具有递减性。这种表示法对稀疏型多项式特别适合。在计算机中,可用线性表表示 $A=(m,e_m,b_m,e_{m-1},$

b_{m-1},…,e_1,b_1),其中,第一个元素是多项式中非零系数的项数,后面是每个项对应的阶次和系数,每两项 e_i,b_i 对应多项式中的某一非零系数项的指数和系数,A 的长度是 $2m+1$。

例如,多项式 $X^4+10X^3+3X^2+1$ 对应上述第一种表示方法的线性表是(4,1,10,3,0,1),对应上述第二种表示方法的线性表是(4,4,1,3,10,2,3,0,1)。多项式 $X^{1000}+1$ 对应上述第一种表示方法的线性表是(1000,1,0,0,0,0,…,0,1),表中的0的个数是999个,对应上述第二种表示方法的线性表是(2,1000,1,0,1)。

下面给出多项式相加的算法,多项式用上述第二种表示方法对应的线性表表示。例如,多项式 $A(x)=5x^{17}+8x^7-3x^5+2x-4$ 和 $B(x)=4x^9-22x^7+3x^5+6$ 对应的两个线性表是 a=(5,17,5,7,8,5,−3,1,2,0,−4)和 b=(4,9,4,7,−22,5,3,0,6),多项式相加得到 $C(x)=A(x)+B(x)=5x^{17}+4x^9-14x^7+2x+2$,对应的顺序表 c=(5,17,5,9,4,7,−14,1,2,0,2)。为了算法清晰,设定C语言中开设的数组的0单元空闲不用。a 表的长度为 a.datas[1]∗2+1。b 表的长度为 b.datas[1]∗2+1。表 a、表 b 和表 c 中元素存放的示意图如图2.2所示。

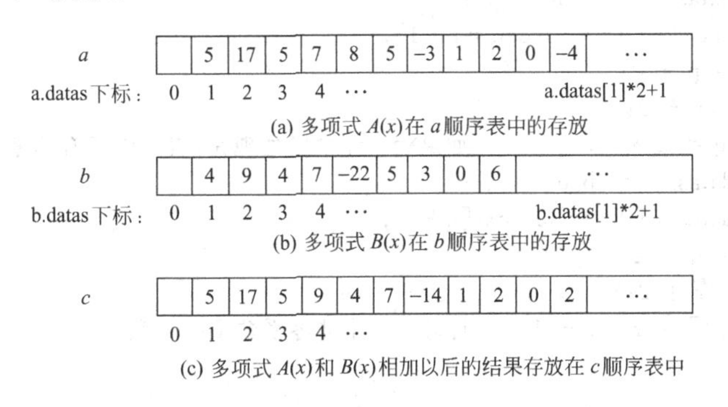

(a) 多项式 $A(x)$ 在 a 顺序表中的存放
(b) 多项式 $B(x)$ 在 b 顺序表中的存放
(c) 多项式 $A(x)$ 和 $B(x)$ 相加以后的结果存放在 c 顺序表中

图2.2 多项式相加结构示意图

按照多项式相加原则,当表a和表b中存在有两个阶数相同的项式时,则将两项的系数相加。相加得到的项式的系数不为零,则产生一个新的项式放入表c中。由于表中只存放非零系数的项式,阶数具有递减性,可设三个指针p,q,r分别指向表a、表b和表c中对应的项式。三个指针初值均为2。每处理一个非零系数项,指针加2。表c中的非零系数项的个数要到最后相加结束时才能计算得到,并存入c.datas[1]中。对应的算法如下:

```
void polynomial_add( SEQUENLIST a,SEQUENLIST b,SEQUENLIST c)
//多项式a,b,c用顺序存储结构,0单元空闲不用//
{
    int m , n;
    int p , q ,r;
    m = a.datas[1];        //表a非零系数项个数
    n = b.datas[1];        //表b非零系数项个数
    p = q = r = 2;
    while ( p <= 2 * m && q <= 2 * n)
      {if(a.datas[p] == b.datas[q])      //指数相等,则系数相加
        {c.datas[r+1] = a.datas[p+1] + b.datas[q+1];
```

```
            if(c.datas[r+1] ! = 0)
              {c.datas[r] = a.datas[p];
              r = r + 2;}
            p = p + 2;
            q = q + 2;}
        else if(a.datas[p] > b.datas[q])             //指数不等
                {c.datas[r+1] = a.datas[p+1];
                 c.datas[r] = a.datas[p];
                 p = p + 2;
                 r = r + 2;}
            else {c.datas[r+1] = b.datas[q+1];       //指数不等
                 c.datas[r] = b.datas[q];
                 q = q + 2;
                 r = r + 2;}
      }
        while(p < 2 * m)          //如果表 b 元素已处理完,表 a 中还有非零系数项要处理
          {c.datas[r] = a.datas[p];
           c.datas[r+1] = a.datas[p+1];
           p = p + 2;
           r = r + 2;}
        while(q < 2 * n)          //如果表 a 元素已处理完,表 b 中还有非零系数项要处理
          {c.datas[r] = b.datas[q];
           c.datas[r+1] = b.datas[q+1];
           q = q + 2;
           r = r + 2;}
        c.datas[1] = r / 2 - 1    //计算表 c 中非零系数项的个数
}
```

习　题

2-1　一个顺序表元素值有序递增,编写算法,删除顺序表中值相同的多余元素。

2-2　一个顺序表元素值无序,编写算法,删除顺序表中值相同的多余元素。

2-3　编写程序,将顺序表 A 中的元素逆置,要求算法所用的辅助空间尽可能地少。

2-4　编写程序,输出已知顺序表 A 中元素的最大值和次最大值。

2-5　设有两个按元素值递增有序的顺序表 A 和表 B,编写程序将表 A 和表 B 归并成一个新的递增有序的顺序表 C(值相同的元素均保留在表 C 中)。此题的核心算法即是本章的例 2-3。

2-6　已知两个顺序表 A 和表 B,同一表中无重复元素,编写程序实现表 A 和表 B 的并集运算,并集结果放在表 A 中。

实 训 题

2-7　已知一顺序表 A,设计一个算法删除顺序表中值为 item 的数据元素。

2-8　已知一顺序表 A,表中都是不相等的整数。设计一个算法,把表中所有的奇数移到

所有的偶数前面去。

2-9 已知两个顺序表 A 和表 B,同一表中无重复元素,编写程序实现表 A 和表 B 的交集运算,交集结果放在表 A 中。

2-10 已知两个顺序表 A 和表 B,同一表中无重复元素,编写程序实现表 A 和表 B 的差集运算,差集结果放在表 A 中。

链式存储结构

由上一章讨论可知，线性表顺序存储的特点是：物理位置上相邻的元素在逻辑关系上也是相邻的，这就是物理关系和逻辑关系的一致性。这一特点使顺序表有以下的优点：

- 可以方便地随机读取表中任一元素，读取任一元素所花的时间相同。
- 存储空间连续，不必增加额外的存储空间。

但顺序存储的缺点也很明显：

- 插入和删除运算时除特殊位置外一般要移动大量的元素，所花时间较多，效率较低。
- 由于顺序表要求连续的存储空间，存储分配只能预先进行。因此当表长经常变化时，难以确定合适的存储空间量。若按可能达到的最大长度预先分配表空间，则会造成一部分空间长期闲置而得不到充分利用，若事先对表长估计不足，则插入操作可能使表长超过了预先分配的空间而造成溢出。总之，表的容量难以预先确定，容易引起浪费或难以扩充。

为了克服顺序存储的缺点，下面介绍一种新的存储结构，称为链式存储结构。本章详细介绍线性表的链式存储结构及各种操作的实现。后面各章介绍的各种数据结构也会分别讨论它们的顺序存储方法和链式存储方法。

通常我们将链式存储的线性表称为链表。链式存储结构相对于顺序存储结构最大的不同是：数据的逻辑结构和物理存储相互独立，物理位置上相邻的元素在逻辑关系上不一定是相邻的。

3.1 线性表的链式存储结构

链表是用一组任意的存储单元来存放线性表的数据元素，这些存储单元可以是连续的，也可以是不连续的。为了能正确表示数据元素之间的逻辑关系，我们引入结点的概念。链式存储结构中，结点不仅存放数据元素的值，还必须存放该结点的直接后继结点的地址，这两部分组成了链表中结点的结构：

data	next

其中,data 是数据域,用来存放结点的值;next 是指针域(又称链域),用来存放结点的直接后继结点的地址。链表正是通过每个结点的链域将线性表中 n 个结点按其逻辑顺序链接在一起的。由于上述链表中的每个结点只有一个链域,这种链表又称为单链表。

单链表中除第一个结点外的每个结点的存储地址都存放在其直接前驱结点的 next 域中。设头指针 head 指向开始结点,即存放第一个结点的起地址。终端结点无后继结点,因此终端结点的 next 域为空,即 NULL(也可以用∧表示)。表 3.1 是线性表 L 对应的单链表存储结构示意。L=(ZHAO,QIAN,SUN,LI,ZHOU,WU,ZHENG,WANG)。

设每个数据元素占用 5 个内存单元,指针占用 1 个单元,链表头指针 head=78。

表 3.1 单链表存储结构示意

地址	数据域	指针域	地址	数据域	指针域
⋮	⋮	⋮	42	WANG	NULL
10	LI	30	⋮	⋮	⋮
16	QIAN	90	78	ZHAO	16
⋮	⋮	⋮	84	ZHENG	42
30	ZHOU	36	90	SUN	10
36	WU	84	⋮	⋮	⋮

讨论时,我们通常用箭头来表示链域中的指针,将链表画成用箭头链接起来的结点序列,如图 3.1。

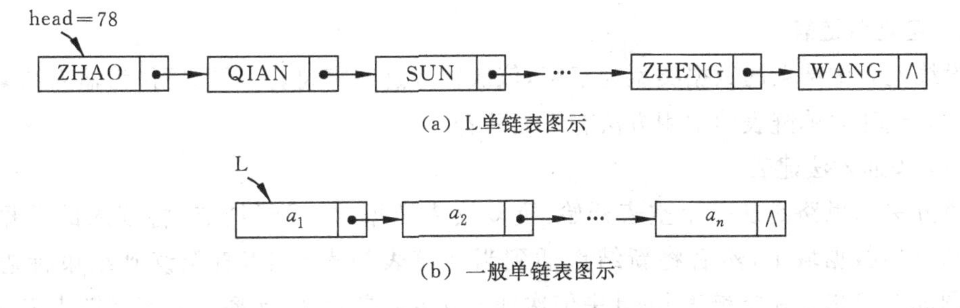

图 3.1 单链表示意图

每个单链表必须有一个头指针,指向(存放)表中第一个结点(地址)。已知一单链表,就是已知了链表的起地址,即头指针。因此单链表可以用头指针的名字来命名。例如,头指针的名字是 head,则把链表称为表 head。用 C 语言描述单链表的结点结构如下:

```
#define DATATYPE2 char
typedef struct node
   {
     DATATYPE2 data;
     struct node  * next;
```

```
}LINKLIST;
```

指针变量和结点变量是两个容易混淆而又必须搞清楚的概念。上面定义的变量 head 是类型为 LINKLIST 的指针变量，若 head 的值非空(head ! = NULL)，则 head 中放的是类型为 LINKLIST 的某个结点的地址。head 所指向的**结点变量**是在算法运行过程中动态生成的，当需要时才产生，又称为动态变量。它是通过标准函数 malloc 生成，即

```
head = malloc (sizeof (LINKLIST));
```

函数 malloc 分配一个类型为 LINKLIST 的结点变量的空间，并将起始地址放入指针变量 head 中。一旦所指向的结点变量不再需要了，又可通过标准函数 free(head) 释放 head 所指向的结点变量占用的空间。

通过指针来访问结点变量是链表操作的基本概念。head=malloc(sizeof(LINKLIST)) 语句执行以后，即得到一个结点变量 * head，地址在指针变量 head 中。在 C 语言中，对指针所指向结点的成员进行访问时，通常用运算符"－＞"来表示。例如取上面结构中的两个分量，可以写成 head－＞data 和 head－＞next。如图 3.2 所示。

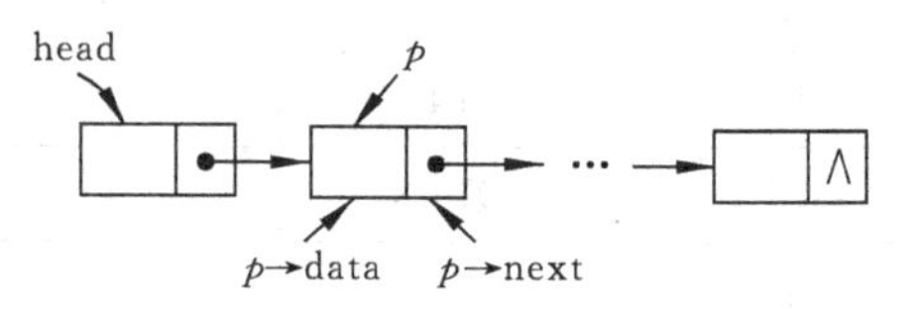

图 3.2 通过指针变量访问结点变量中的成员

若指针变量 head 的值为空(NULL)，则它不指向任何结点，也可以把 head 看成指向一个空表。

3.1.1 单链表上的基本运算

1. 建立单链表

设线性表中结点的数据类型为字符，依次输入这些字符，并以"＄"作为输入结束标志符。动态地建立单链表的常用方法有下面两种：

(1) 头插入法建表

该方法的思路是从一个空表开始，重复读入数据，生成新结点，将读入的数据存放到新结点的数据域中，然后将新结点插到当前链表的表头上，直至读到结束标志符为止。图 3.3 给出了在空链表 head 中依次插入 a,b,c 之后，将 d 插入到当前链表表头上的情况。头插入法建立单链表的算法如下：

```
main()
{
   LINKLIST *head = NULL, *t;
   char ch;
   while((ch = getchar())! = '$')
      {  t = malloc(sizeof(LINKLIST));   // 对应图 3.3 中的①
         t->data = ch;                   // 对应图 3.3 中的②
         t->next = head;                 // 对应图 3.3 中的③
         head = t;}                      // 对应图 3.3 中的④
}
```

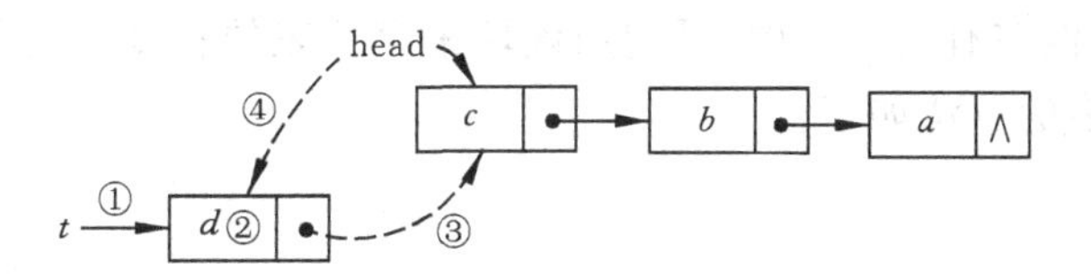

图 3.3 将结点 *t 插到单链表 head 的头上

(2) 尾插入法建表

头插入法建立链表虽然算法简单,但生成的链表中结点的次序和输入的顺序相反。若希望二者次序一致,可采用尾插入法建表,即每次将新结点插在链表的表尾。为此必须增加一个指针 last,使其始终指向当前链表的尾结点。图 3.4 给出了在空链表 head 中插入 a,b,c 之后,将 d 插到当前链表表尾上的情况。

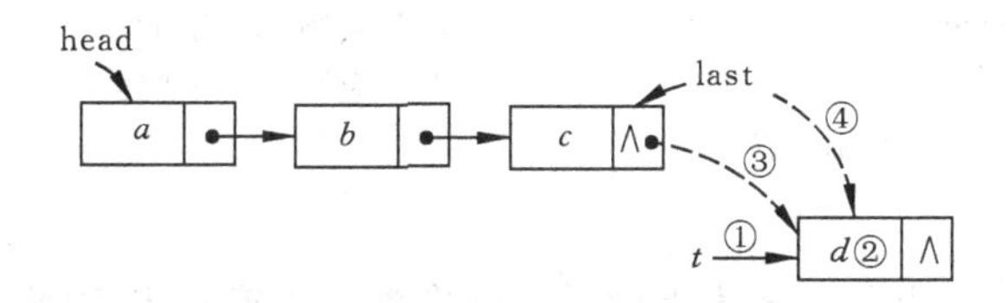

图 3.4 将结点 *t 插到单链表 head 的尾上

分析尾插入法建立单链表的过程:在一般情况下,插入一个元素对应的指针操作是

```
last->next = t;
last = t;
```

而当单链表为空链表(head = NULL ,last = NULL)又是插入第一个元素时,对应的指针操作是

```
head = t;
last = t;
```

可见当单链表为空链表而又是插入第一个元素时的情况比较特殊。为了使链表上有些操作实现起来简单、清晰,通常在链表的第一个结点之前增设一个类型相同的结点,称之为头结点。带头结点的链表通常有两个优点:首先,线性表中的第一个元素结点的地址被存放在头结点的指针域中,这样表中所有元素结点的地址均放在前驱结点中,算法中对所有元素结点的处理可一致化;其次,无论链表是否为空,头指针均指向头结点,给算法的处理带来方便。带头结点的单链表 head 如图 3.5 所示,图中阴影部分表示头结点的数

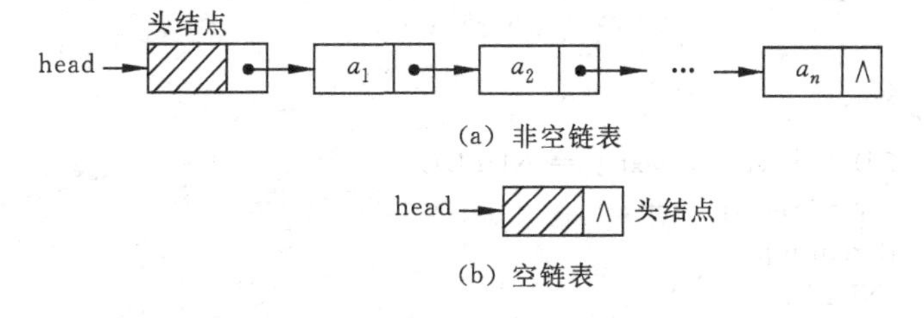

图 3.5 带头结点的单链表 head

据域不存储信息。但在有的应用中,可利用该域来存放表的长度等附加信息。引入头结点后,尾插入法建表的算法如下:

```
main()
{
    LINKLIST  * head,  * last,  * t;
    char ch;
    t = malloc(sizeof(LINKLIST));             // 建立表头结点
    head = t; last = t;
    t->next = NULL;
    while ((ch = getchar()) ! = '$')
      {  t = malloc(sizeof(LINKLIST));        // 对应图 3.4 中的①
         t->data = ch;                        // 对应图 3.4 中的②
         last->next = t;                      // 对应图 3.4 中的③
         last = t;                            // 对应图 3.4 中的④
         t->next = NULL;}
}
```

显然在建立了头结点的单链表上做插入操作算法比较简洁,因此,链表中一般都附加一个头结点。

以上两个算法的时间复杂度均为 $O(n)$。

2. 查找运算

(1) 按序号查找

在链表结构中,如果要访问线性表中序号为 i 的结点,只能从链表的头指针出发,顺着 next 域往下搜索,直至搜索到第 i 个结点为止。

设链表的长度为 n,将头结点看成是第 0 个结点。可以从头结点开始顺着链扫描,用指针 p 指向当前扫描到的结点,用 j 作计数器,累计当前扫描过的结点数。p 的初值指向头结点,j 的初值为 0,当 p 扫描下一个结点时,计数器 j 相应地加 1。因此当 $j=i$ 时,p 所指的结点就是要找的第 i 个结点。

下面就是在带头结点的单链表 head 中查找第 i 个结点的算法:若找到第 i 个结点 $(0\leqslant i\leqslant n)$,则返回该结点的存储位置,否则返回 NULL。

```
LINKLIST  * get(int i, LINKLIST  * head)
{
    int j;
    LINKLIST  * p;

    j = 0;
    p = head;
    while((j < i) && (p->next ! = NULL))
         { p = p->next; j++; }
    if (j == i) return p;
    else return NULL;
}
```

(2) 按值查找

下面的算法是在带头结点的单链表中查找是否存在元素值等于给定值 x 的结点。若有，则返回第一个找到的结点的存储位置，否则返回 NULL。查找过程从头指针出发。算法如下：

```
LINKLIST *locate(DATATYPE2 x, LINKLIST *head)
{
    LINKLIST *p;

    p = head->next;
    while(p != NULL)
      if (p->data == x)
        return p;
      else
        p = p->next;
    return NULL;
}
```

3. 插入运算

(1) 在已知结点的后面插入一新结点

设指针 p 指向某一结点，t 指向待插入的值为 x 的新结点。若将 $*t$ 结点插在 $*p$ 之后，则操作比较简单，插入过程如图 3.6 所示。算法如下：

```
void insertafter(DATATYPE2 x, LINKLIST *p)
{
    LINKLIST *t;
    t = malloc(sizeof(LINKLIST));     // 对应图 3.6 中的①
    t->data = x;                      // 对应图 3.6 中的②
    t->next = p->next;                // 对应图 3.6 中的③
    p->next = t;                      // 对应图 3.6 中的④
}
```

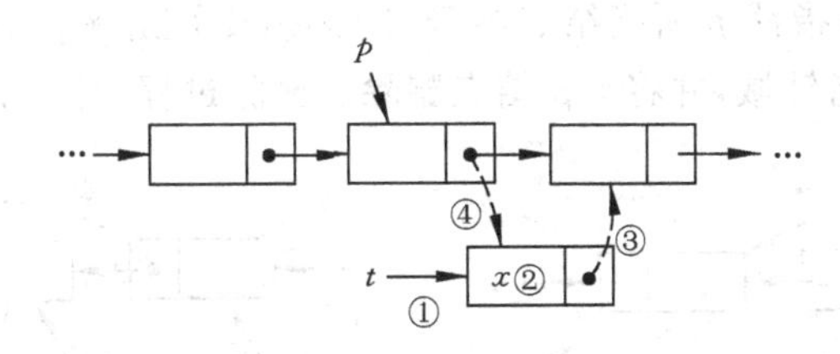

图 3.6　在已知结点 $*p$ 之后插入 $*t$ 结点

(2) 在第 i 个结点之前插入一个新结点

首先生成一个值为 x 的新结点，然后插到链表 L 中第 i 个结点之前，也就是插到第 $i-1$ 个结点之后。因此我们可以调用前面的函数 get 得到第 $i-1$ 个结点的存储位置，再调用上面的 insertafter 函数，就完成了这一插入操作。i 的合法取值范围是 $1 \leqslant i \leqslant n+1$。算法正常返回 1，否则返回 0。算法如下：

```
int insertbefore(DATATYPE2 x, int i, LINKLIST *head)
{
    LINKLIST *p;
    int r = 1;
    p = get(i - 1, head) ;
    if (p != NULL)
      insertafter(x, p);
    else
      r = 0;
    return r;
}
```

4. 删除运算

(1) 删除已知结点的后继结点

删除链表中结点 * p 的后继结点很简单,用一个指针 t 指向被删除结点,然后修改结点 * p 的 next 指针域并释放结点 * t,其过程如图 3.7 所示。算法正常返回 1,否则返回 0。算法如下:

```
int deleteafter(LINKLIST *p)
{   LINKLIST *t;
    int r = 1;
    if (p->next ! = NULL)
      {  t = p->next;                  // 对应图 3.7 中的①
         p->next = t->next;            // 对应图 3.7 中的②
         free(t);                      // 对应图 3.7 中的③
      }
    else
      r = 0;
    return r;
}
```

(2) 删除已知结点本身

若被删除结点就是指针 p 所指结点本身,则必须要知道 * p 结点的前驱结点 * q 的地址,才能修改 * q 的指针域,并将 * p 结点删除。删除过程如图 3.8 所示。

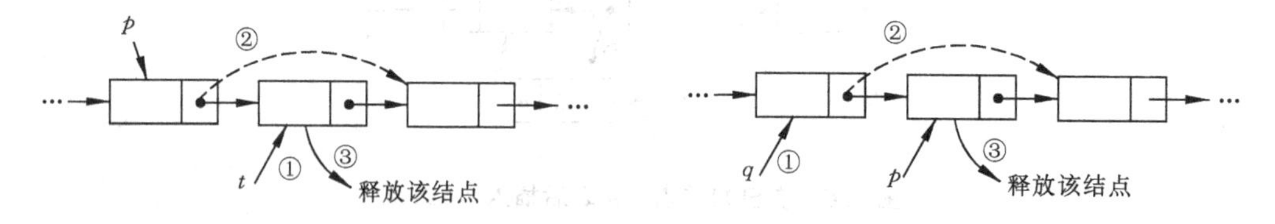

图 3.7 删除 * p 结点的后继结点　　　　图 3.8 删除已知结点 * p

(3) 在单链表中删除第 i 个结点

实现该操作的算法的思路是必须找到被删除结点 i 的直接前驱,即第 $i-1$ 个结点 * p,然后删去结点 * p 的后继结点。因此我们可以调用前面的函数 get 得到第 $i-1$ 个结点的存储位置,再调用上面的 deleteafter 函数,就完成了删除第 i 个结点的操作。算法正常返回1,否则返回0。算法中须注意的是if((p!=NULL)&&(p->next!=NULL))语句,只有当第 $i-1$ 个结点存在(p!=NULL)而又不是终端结点时(p->next!=NULL),才能确定被删结点存在。算法如下:

```
int deleteorder(int i, LINKLIST * head)
{
    LINKLIST * p;
    int r = 1;

    p = get(i - 1, head) ;
    if ((p != NULL) && (p->next != NULL))
      deleteafter(p);
    else
      r = 0;
    return r;
}
```

从上面的讨论中可以看出,在链表中进行元素的插入和删除操作,无须移动结点,仅需修改指针。

3.1.2 循环链表

循环链表(circular linked list)是一种首尾相接的链表。将单链表中终端结点的指针域NULL改为指向单链表的第一个结点,就得到了单链形式的循环链表。在有些应用问题中,用循环链表可使操作更加方便灵活。循环链表中也可设一个头结点。空循环链表仅由一个头结点组成,并自成循环。带头结点的循环链表如图3.9所示。

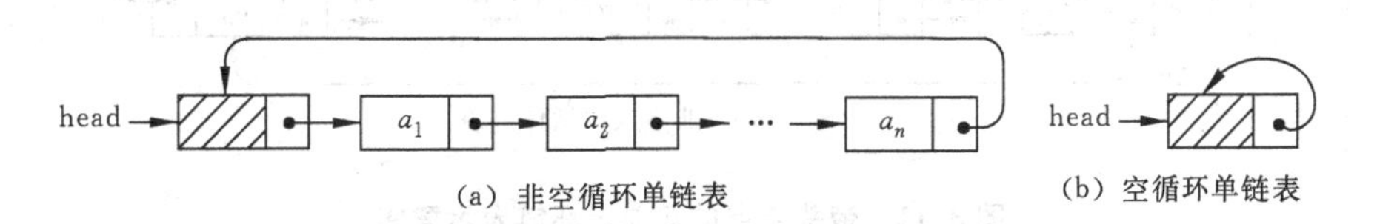

图3.9 带头结点的循环单链表示意图

循环链表的特点是从表中任一结点出发均可找到表中其他所有结点。在很多实际问题中,链表的操作常常是在表的首尾位置上进行的,此时用图3.9表示的循环链表就显得不够方便。如果改用尾指针rear来表示(见图3.10),则查找开始结点 a_1 和终端结点 a_n 都很方便,它们的存储地址分别由rear->next->next和rear指出。显然,查找时间都是 $O(1)$。因此,经常采用尾指针表示循环链表。

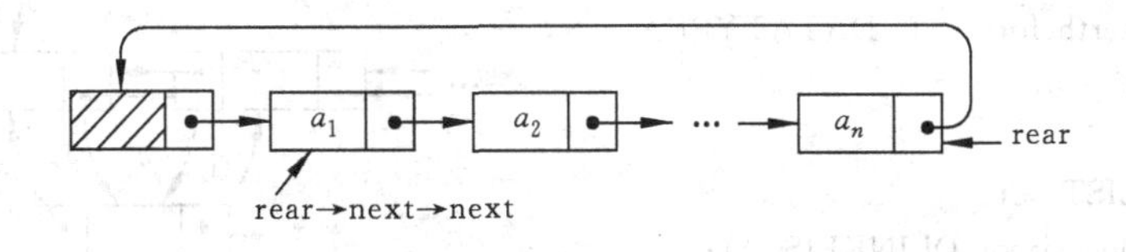

图3.10 用rear指针表示的循环单链表

3.1.3 双向链表

前面两种链表中，从任一已知结点出发找其前驱结点都需花费一定的时间。若希望快速得到一个结点的前驱结点地址，可以在单链表的每一个结点里再增加一个指向其前驱结点的指针域。这样形成的链表中有两条不同方向的链，称之为双向链表（doubly linked list）。双向链表中结点的结构为：

PRIOR	DATA	NEXT

用 C 语言描述双向链表的结点结构如下：

```
typedef struct dnode
{ DATATYPE2 data;
  struct dnode * prior, * next;
} DLINKLIST;
```

和单链表类似，双向链表也是由头指针 head 唯一确定的，增加头结点也能使双向链表上的某些运算变得方便，将头结点和尾结点链接起来也能构成循环链表，并称之为双向循环链表，如图 3.11 所示。

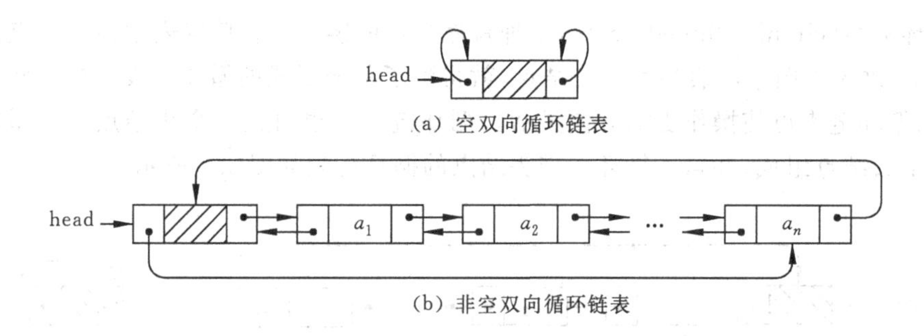

(a) 空双向循环链表

(b) 非空双向循环链表

图 3.11 带头结点的双向循环链表示意图

双向链表是一种对称结构，它克服了单链表上指针单向性的缺点，既有前向链又有后向链，这就使得双向链表上数据元素的插入操作和删除操作都很方便。设指针 p 指向表中某一结点，则表结构的对称性体现在下列式子中：

$$p=(p->prior)->next=(p->next)->prior$$

1. 在双向链表中 *p* 指针指向的结点前插入一新结点

插入过程如图 3.12 所示。其算法如下：

```
void    dinsertbefore    ( DATATYPE2    x,
DLINKLIST * p)
{
   DLINKLIST * t;
   t = malloc(sizeof(DLINKLIST));
   t->data = x;
```

图 3.12 在已知结点 * *p* 前插入一新结点 * *t*

```
    t->prior = p->prior;            // 对应图 3.12 中的①
    t->next = p;                    // 对应图 3.12 中的②
    (p->prior)->next = t;           // 对应图 3.12 中的③
    p->prior = t;                   // 对应图 3.12 中的④
}
```

2. 在双向链表中删除 *p* 指针指向的结点

删除过程如图 3.13 所示。其算法如下：

```
void deletednode(DLINKLIST *p)
{
    (p->prior)->next = p->next;
    (p->next)->prior = p->prior;
    free(p);
}
```

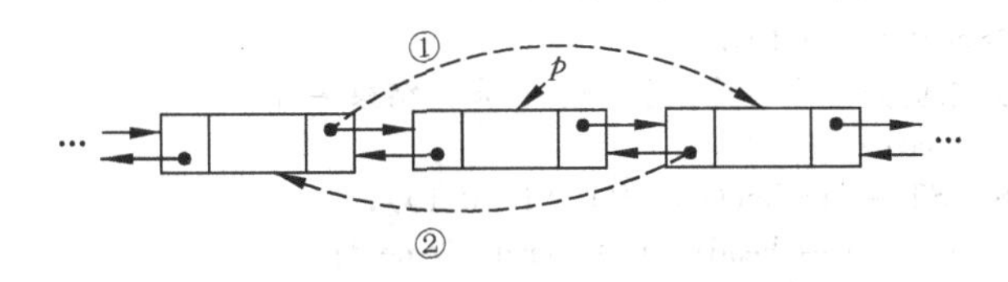

图 3.13　删除双向链表中已知结点 * *p*

3.2　线性表的顺序和链式存储结构的比较

以上介绍了线性表的两种存储结构：顺序存储结构和链式存储结构。实际应用中选用哪种存储结构要根据具体问题的要求来选择。下面就两种存储结构从空间性能和时间性能方面加以比较。

(1) 空间性能的比较

顺序表的存储空间是静态分配的，在程序运行前必须明确规定它的存储规模，链表的存储空间是动态分配的，只要内存空间有空闲，就不会分配不到。因此，在线性表的长度变化较大，预先难以确定的情况下，最好采用动态链表作为存储结构。

在链表中的每个结点，除了数据域外，还要有存放结点地址的链域。如果将存储密度定义为数据元素本身所占的存储量和整个线性表结构所占的存储量之比，则存储密度越大，存储空间的利用率就越高。显然，顺序表的存储密度为 1，而链表的存储密度小于 1。因此，当线性表的长度变化不大时，采用顺序存储结构比较节省存储空间。

(2) 时间性能的比较

顺序表是一种向量结构，它是随机存取结构，表中任一元素都可以通过计算直接得到地址进行存取，时间复杂度为 $O(1)$。而链表中的数据元素需要从头指针起顺着链扫描才能取得。因此，若线性表上的操作主要是查找、读取而很少做插入和删除操作时，采用顺序表结构为宜。在顺序表中进行元素的插入和删除时，平均要移动近一半的元素，而在链表中插入和删除元素只需要修改指针。因此，线性表上若频繁进行插入和删除操作时，采用链表结构为宜。

总之，线性表的顺序存储结构和链式存储结构各有其优点和缺点，应根据具体问题的要求分析而定，并对各方面的优缺点综合考虑平衡，最终选定比较适宜的存储结构。

3.3 应用举例及分析

例 3-1 编写一算法，建立一个带头结点的元素值递增有序的单链表。

算法如下：

```
LINKLIST * creatlink_order_head(LINKLIST * head)
{ LINKLIST * t, * p, * q;
  char ch;

  t = (LINKLIST * )malloc(sizeof(LINKLIST));
  head = t; t->next = NULL;
  printf("单链表元素值为单个字符，连续输入，$ 为结束字符 ：");
  while ((ch = getchar()) != '$')
     {t = (LINKLIST * )malloc(sizeof(LINKLIST));
      t->data = ch;  q = head;  p = head->next;
      while( p != NULL && p->data <= ch) {q = p; p = p->next;}
      q->next = t; t->next = p;
  }
  return(head);
}
```

例 3-2 编写一个计算单链表（此链表带头结点）中结点个数的算法，并依次打印出链表中元素的值。

算法如下：

```
int count(LINKLIST * head)
{
   int i = 0;
   LINKLIST * p;

p = head->next;
while(p != NULL)
     {i++;
     printf(" %c",p->data);
     p = p->next;}
return i;
}
```

例 3-3 编写一算法，将值为 x 的结点插在链表中第一个值为 a 的结点之后，如果值为 a 的结点不存在，则插在表尾。

算法如下：

```
void ifinsert(DATATYPE2 x, DATATYPE2 a, LINKLIST * head)
```

```
{
  LINKLIST *p_new, *p;
  int flag = 1;

  p_new = malloc(sizeof(LINKLIST));
  p_new->data = x;
  p = head;
  while(p->next != NULL && flag)
     {if(p->data == a)
        {p_new->next = p->next;
        p->next = p_new;
        flag = 0;}
     else
        p = p->next;}
  if(flag)
     {p->next = p_new;
     p_new->next = NULL;}
}
```

例 3-4 在一个非递减有序顺序表中，插入一个值为 x 的元素，使插入后的顺序表仍为非递减有序顺序表，用带头结点的单链表结构编写算法。

算法如下：

```
inser_order(DATATYPE2 x, LINKLIST *head)
{
  LINKLIST *pr, *pn;
  pr = head; pn = head->next;
  while(pn != NULL && pn->data < x)
     {pr = pn;
      pn = pn->next;}
  insertafter(x,pr);
}
```

例 3-5 将一个用单链表存储的线性表 $T=(a_1,a_2,a_3,\cdots,a_m)$ 置换成 $T=(a_m,a_{m-1},\cdots,a_2,a_1)$，实现的算法中辅助变量只能用指针(单链表不带头结点)。

算法如下：

```
LINKLIST *invertlink(LINKLIST *head)
{
  LINKLIST *p, *q, *r;

  q = NULL; p = head;
  while(p != NULL)
     {r = q; q = p ;
     p = p->next;
     q->next = r;}
  return q;
}
```

例 3-6 将两个带头结点的循环单链表 $a=(a_1, a_2, \cdots, a_n)$ 和 $b=(b_1, b_2, \cdots, b_m)$ 链接成一个循环单链表。如果在单链表或用头指针指向的单循环链表上做这个操作，都需要遍历第一个链表，找到表 a 中的最后一个结点 a_n，而后将表 b 中第一个元素 b_1 链接到 a_n 后面去，时间复杂度是 $O(n)$。若在用尾指针指向的单循环链表上做这个操作，则只需修改指针，时间估算为 $O(1)$。

操作示意如图 3.14 所示。对应算法如下：

```
LINKLIST * connect(LINKLIST * reara, LINKLIST * rearb)
{
    LINKLIST * p;
    p = reara->next;                          //对应图 3.14 中的①
    reara->next = rearb->next->next;          //对应图 3.14 中的②
    free(rearb->next);                        //对应图 3.14 中的③
    rearb->next = p;                          //对应图 3.14 中的④
    return (rearb);
}
```

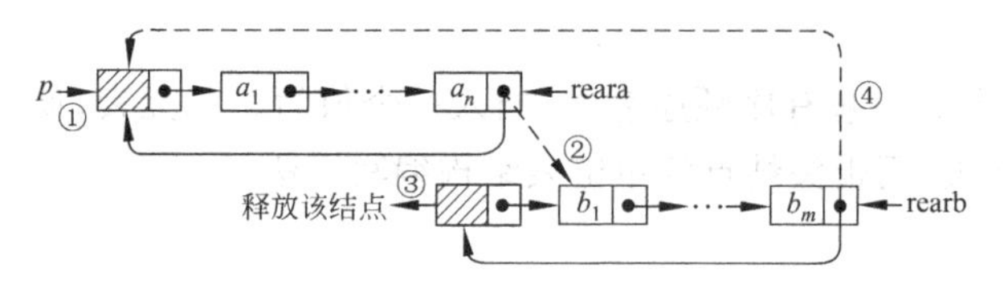

图 3.14 两循环链表链接示意图

例 3-7 写出图 3.15 所示的双向链表中逻辑交换结点 a 和 b 的算法，不设辅助结点，只设辅助指针。

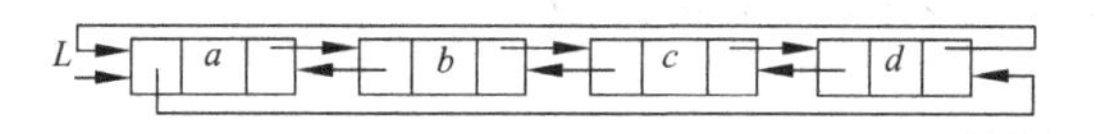

图 3.15 双向链表示意图

算法如下：

```
p = L->next;
L->next = p->next;
(L->prior)->next = p;
p->prior = L->prior;
(p->next)->prior = L;
L->prior = p;
p->next = L;
L = p;
```

例 3-8 已知带头结点的单链表 la 和 lb 中的元素依值非递减有序排列，写一算法将 la 和 lb 归并到新的单链表 lc 中，lc 中元素也依值非递减有序排列。

本例和第 2 章中的例 2-3 都是实现两个元素值递增有序的线性表的归并，只是例 2-3 中的两个线性表用顺序存储结构，本例中的两个线性表用链式存储结构。由此可看出实现线性表归并的算法因结构不同而不同。对比两个算法，进一步体会数据的逻辑结构和物理结构是数据结构的两个密切相关的方面，同一逻辑结构可以对应不同的存储结构。任何一个算法的设计取决于数据的逻辑结构，而算法的实现依赖于指定的存储结构。

算法如下：

```
void unite(LINKLIST *a, LINKLIST *b, LINKLIST *c){
LINKLIST *la, *lb, *lc, *p;

la = a->next; lb = b->next; lc = c;
while(la != NULL && lb != NULL)
  {  if (la->data <= lb->data)
     {  p = (LINKLIST *) malloc(sizeof(LINKLIST));
        p->data = la->data; p->next = NULL;
        lc->next = p; lc = lc->next; la = la->next;
     }
     else
       {  p = (LINKLIST *) malloc(sizeof(LINKLIST));
          p->data = lb->data; p->next = NULL;
          lc->next = p; lc = lc->next; lb = lb->next;
       }
  }
   while(la != NULL)
   {  p = (LINKLIST *) malloc(sizeof(LINKLIST));
      p->data = la->data; p->next = NULL;
      lc->next = p; lc = lc->next; la = la->next;
   }
  while(lb != NULL)
   {  p = (LINKLIST *) malloc(sizeof(LINKLIST));
      p->data = lb->data; p->next = NULL;
      lc->next = p; lc = lc->next; lb = lb->next;
   }
}
```

习　题

3-1　若线性表的元素总数基本稳定，且很少进行插入和删除，但要求快速存取表中元素，应采用哪种存储结构？为什么？

3-2　对线性表而言，什么情况下采用链表比顺序表好？

3-3　分析单链表、循环链表和双向链表的相同点和不同点，及各自的特点。

3-4　已知 L 是无表头结点的单链表，且 P 结点既不是首结点，也不是尾结点，试从下列提供的语句中选出合适的语句序列，完成下面的操作。

(1) 在 P 结点后插入 S 结点：________

(2) 在 P 结点前插入 S 结点：________

(3) 在表首插入 S 结点：________

(4) 在表尾插入 S 结点：________

① P->next = S;

② P－＞next ＝ P－＞next－＞next；

③ P－＞next ＝ S－＞next；

④ S－＞next ＝ P－＞next；

⑤ S－＞next ＝ L；

⑥ S－＞next ＝ P；

⑦ S－＞next ＝ NULL；

⑧ Q ＝ P；

⑨ while (P－＞next ！＝ Q) P ＝ P－＞next；

⑩ while (Q－＞next ！＝ NULL) Q ＝ Q－＞next；

⑪ P ＝ Q；

⑫ P ＝ L；

⑬ L ＝ S；

⑭ L ＝ P；

3-5 单项选择题：

(1) 在一个长度为 n 的顺序表中向第 i 个元素($0<i\leqslant n+1$)之前插入一个新元素时，需向后移动________个元素。

A. $n-i$　　B. $n-i+1$　　C. $n-i-1$　　D. i

(2) 线性表采用链式存储结构时，其地址________。

A. 必须是连续的　　B. 一定是不连续的

C. 部分地址必须是连续的　　D. 连续与否均可以

(3) 在一个单链表中，删除 * p 结点之后的一个结点的操作是________。

A. p －＞next ＝ p；　　B. p －＞next －＞ next ＝ p －＞ next；

C. p －＞next －＞ next ＝ p；　　D. p －＞next ＝ p －＞ next －＞ next；

(4) 在一个双链表中，在 * p 结点之后插入结点 * s 的操作是________。

A. s －＞ prior ＝ p；p －＞ next ＝ s；p －＞ next －＞ prior ＝ s；s －＞ next ＝ p －＞ next；

B. s －＞ next ＝ p －＞ next；p －＞ next －＞ prior ＝ s；p －＞ next ＝ s；s －＞ prior ＝ p；

C. p －＞ next ＝ s；s －＞ prior ＝ p；s －＞ next ＝ p －＞ next；p －＞ next －＞ prior ＝ s；

D. p －＞ next －＞ prior ＝ s；s －＞ next ＝ p －＞ next；s －＞ prior ＝ p；p －＞ next ＝ s；

(5) 在不带头结点 * head 的单循环链表中，尾结点 * p 的条件是________。

A. head ！＝ NULL　　B. head －＞ next ！＝ head

C. p ＝＝ NULL　　D. p －＞next ＝＝ head

3-6 判断以下叙述的正确性。

(1) 分配给单链表的内存单元地址必须是连续的。

(2) 与顺序表相比，在链表上实现顺序访问，其算法的效率比较低。

(3) 向顺序表中插入一个元素,平均要移动约一半的元素。

(4) 如果在循环单链表中,任何一个结点的指针都不可能为空。

(5) 在有 n 个元素的顺序表中,删除任意一个元素所需移动结点的平均次数为 $n-1$。

3-7 设计一算法,在一个不带头结点的单链表上,用最少的辅助空间实现单链表元素的逆置。

3-8 按下列要求建立单链表,编写程序实现:

(1) 按头插入法建立不带头结点的单链表。

(2) 按头插入法建立一个带头结点的单链表。

(3) 按尾插入法建立不带头结点的单链表。

(4) 按尾插入法建立一个带头结点的单链表。

3-9 设 L 为带头结点的单链表,表中元素值递增有序,编写程序删除表中值相同的多余元素。

3-10 设 L 为带头结点的单链表,表中元素值无序,编写程序删除表中值相同的多余元素。

3-11 在一个带头结点的单链表上,表中元素值递增有序,编一程序,在单链表中插入一元素,插入后表中元素值仍保持递增有序。

3-12 设有两个按元素值递增有序的带头结点的单链表 A 和表 B,编写程序将表 A 和表 B 归并成一个新的递增有序的带头结点的单链表 C(值相同的元素均保留在表 C 中)。此题的核心算法即是本章的例 3-8。

3-13 设有两个线性表 A 和表 B 皆是单链表存储结构。同一个表中的元素各不相同,且递增有序。编写一算法,将 A 和 B 的并集构成一新的线性表 C,且表 C 中元素也递增有序。

3-14 单链表的综合练习题:这是一个将单链表上的各个操作合并在一综合程序中的练习。包括建立单链表、逆置单链表、在有序链表上插入一元素、删除重复元素、两链表合并及两链表并集等操作。通过菜单选择方式运行。

实训题

3-15 叙述线性表的两种存储结构各自的特点。

3-16 已知 P 结点是某双向链表的中间结点,试从下列提供的语句中选出合适的语句序列,完成下面的操作。

(1) 在 P 结点后插入 S 结点:________

(2) 在 P 结点前插入 S 结点:________

(3) 删除 P 结点的直接后继结点:________

(4) 删除 P 结点的直接前驱结点:________

(5) 删除 P 结点:________

① P->next = P->next->next;

② P->prior = P->prior->prior;

③ P->next = S;

④ P->prior = S;

⑤ S->next = P;

⑥ S->prior = P;

⑦ S->next = P->next;

⑧ S->prior = P->prior;

⑨ P->prior->next = P->next;

⑩ P->prior->next = P;

⑪ P->next->prior = P;

⑫ P->next->prior = S;

⑬ P->prior->next = S;

⑭ P->next->prior = P->prior;

⑮ Q = P->next;

⑯ Q = P->prior;

⑰ free(P);

⑱ free(Q);

3-17 单项选择题

(1) 在线性表的下列存储结构中,读取元素花费时间最少的是________。

A. 单链表　　B. 双链表　　C. 循环链表　　D. 顺序表

(2) 在单链表中,若 * p 结点不是末尾结点,在其后插入 * s 结点的操作是________。

A. s -> next = p; p -> next = s;

B. s->next = p->next; p -> next = s;

C. s -> next = p ->next; p = s;

D. p -> next = s; s->next =p;

(3) 在带头结点 * head 的单循环链表中,至少有一个结点的条件是________。

A. head -> next != NULL　　B. head -> next != head

C. p == NULL　　D. p ->next == head

3-18 判断以下叙述的正确性。

(1) 顺序存储方式的优点是存储率高,且插入元素和删除元素效率高。

(2) 线性表的链式存储方式优于顺序存储方式。

(3) 顺序存储结构属于静态结构,链式存储结构属于动态结构。

(4) 对于单链表,只有从头结点(或第一个元素结点)开始才能扫描表中全部结点。

(5) 对于单循环链表,从表中任一结点出发都能扫描表中全部结点。

(6) 双链表的特点是找结点的前趋结点很容易,找结点的后继结点不容易。

3-19 对应书中图 3.11 所示的循环链表的结构,写出下列两个算法。

(1) 在表尾的最后元素后插入一个元素 x。

(2) 在表的第一个元素前插入元素 x。

3-20 设计一个算法判定一个带头结点的单链表的元素值是否是递增的。

3-21 设有两个线性表 A 和表 B，都是单链表存储结构。同一个表中的元素各不相同，且递增有序。编写一程序，构一新的线性表 C，C 为 A 和 B 的交集，且 C 中元素也递增有序。

3-22 设有两个线性表 A 和表 B，都是单链表存储结构。同一个表中的元素各不相同，且递增有序。编写一程序，构一新的线性表 C，C 为 A 和 B 的差集，且 C 中元素也递增有序。

栈和队列

栈和队列是两种特殊的线性结构。从数据的逻辑结构角度看它们是线性表，从操作角度看它们是操作受限制的线性表。栈和队列在操作系统、编译原理、大型应用软件系统中得到了广泛应用。

4.1 栈

4.1.1 栈的定义及基本操作

栈(stack)是限定在表的一端进行插入或删除操作的线性表。插入元素又叫入栈，删除元素又叫出栈。通常将允许进行插入或删除操作的一端称为栈顶(top)，另一端称为栈底(bottom)。不含元素的栈称为空栈。

举个例子来说明栈的结构和操作：将乒乓球放入一圆柱状的玻璃瓶中，柱状玻璃瓶的直径只比乒乓球的直径大一点点，这样，要想取出先放入瓶中的乒乓球只能将后放入的球先取出来。这是因为瓶子只有一个瓶口，进球出球都在这个瓶口操作。这样的操作可以看成是栈的操作。

假设有一个栈 $S=(a_1, a_2, \cdots, a_n)$，$a_1$ 先进栈，a_n 最后进栈。因为进栈和出栈元素都只能在栈顶一端进行，所以每次出栈的元素总是当前栈中栈顶所在的元素，它是最后进栈的元素，而最先进栈的元素要到最后才能出栈。因此，栈又称为后进先出(last in first out)的线性表，简称 LIFO 表。图 4.1 是栈结构的示意图。

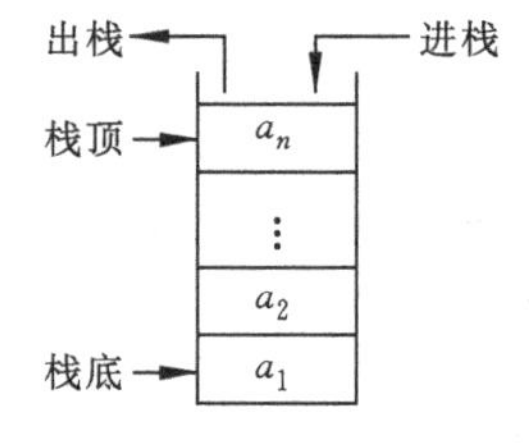

图 4.1 栈结构的示意图

栈的七种基本操作如下：

(1) INITSTACK (S)　初始化空栈。

(2) EMPTY (S)　判空栈函数，若 S 为空栈，则函数值为“真”或为 1，否则为“假”或为 0。

(3) PUSH (S,x)　进栈操作，在 S 栈顶插入一个元素 x，进栈操作又称插入、压栈。

(4) POP (S)　出栈操作，在 S 栈顶删除一个元素，出栈操作又称删除、弹栈。

(5) GETTOP (S)　取栈顶元素操作。

(6) CLEAR (S)　栈置空操作。

(7) CURRENT_SIZE (S)　求当前栈中元素个数的函数。

以上基本操作中，(1)，(3)，(4)，(6)是加工型操作，其他都是引用型操作。

4.1.2　栈的顺序存储结构

顺序存储结构的栈又称顺序栈，可用向量来实现，即利用一组地址连续的存储单元依次存放从栈底到栈顶的数据元素，栈底位置固定不变。可将栈底设在向量低下标的一端，因栈顶位置随着元素的进栈和出栈操作而变化，通常设一个指针 top 指向栈顶元素所在的位置。注意，top 不是指针类型的变量，而是整型变量，top 总是指向栈顶元素在栈中的位置(序号)。用 C 语言描述顺序栈的数据类型如下：

```
#define DATATYPE1 int
#define MAXSIZE 100

typedef struct
{  DATATYPE1 data[MAXSIZE];
   int top;
}SEQSTACK;
```

设栈底位置固定在向量的低端，通常习惯用 top=0 表示栈空，所以用 C 语言描述顺序栈时，可约定向量中的 0 单元空闲不用。假设 MAXSIZE 为 6，栈中可放入的最多元素个数是 5 个，即 s－>data[1]至 s－>data[5]。栈顶指针 s－>top 在元素进栈时作加 1 运算；元素出栈时作减 1 运算。top 指针是在栈上进行插入或删除操作的依据。s－>top=0 表示栈空，s－>top=MAXSIZE－1 表示栈满，这是在顺序栈的基本操作中必须考虑到的两个重要条件。图 4.2 说明了在顺序栈上进栈和出栈操作时，栈中元素和栈顶指针的关系。图 4.2(a)是空栈状态；图 4.2(b)是一个元素 A 入栈后的状态；图 4.2(c)是栈满状态；图 4.2(d)是在(c)基础上删除一个元素后的状态。

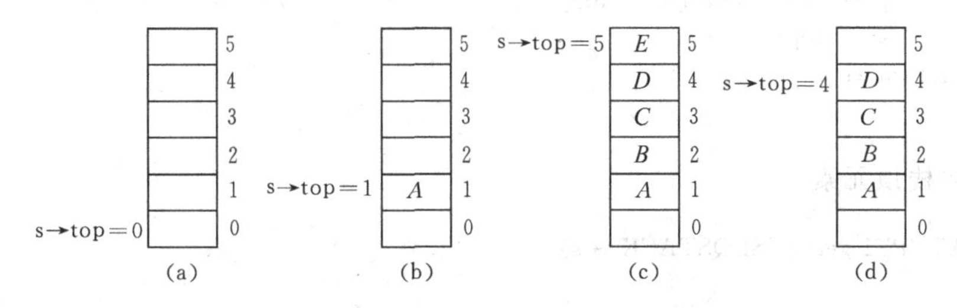

图 4.2　顺序栈上进栈、出栈操作示意图

下面是在顺序栈上实现栈的几个基本操作所对应的算法。

(1) 初始化空栈

```
void initstack(SEQSTACK *s)
   {
     s->top = 0;
```

```
    }
```

(2) 判栈空

```
int empty(SEQSTACK * s)
    {
      if(s->top == 0)
      return 1;
      else
      return 0;
}
```

(3) 进栈

```
int push(SEQSTACK * s, DATATYPE1 x)
    {
      if (s->top == MAXSIZE - 1)
        { printf("Overflow\n");
          return 0;}
      else
         { s->top++;
           (s->data)[s->top] = x;
            return 1;}
}
```

(4) 出栈

```
DATATYPE1 pop(SEQSTACK * s)
    {
        DATATYPE1 x;
        if (empty(s))
          { printf("Underflow\n");
            x = NULL;}
        else
           { x = (s->data)[s->top];
             s->top--;}
        return x;
    }
```

(5) 取栈顶元素

```
DATATYPE1 gettop(SEQSTACK * s)
    {
        DATATYPE1 x;
        if (empty(s))
          {printf("Stack is empty. \n");
            x = NULL;}
        else
           x = (s->data)[s->top];
        return x;
}
```

4.1.3 栈的链式存储结构

栈也可以用单链表作为存储结构。用单链表作为存储结构的栈称为链栈。链栈的数据类型说明如下：

```
#define DATATYPE2 char;

typedef struct snode
   {  DATATYPE2 data;
      struct snode *next;
}LINKSTACK;
```

top是栈顶指针,它是指针类型变量,top唯一地确定一个链栈。当top = NULL时,该链栈为空栈,链栈没有栈满的问题。链栈的示意图如图4.3所示。链栈上元素进栈和出栈的算法如下(进栈和出栈都是基于栈顶指针top的操作)：

(1) 进栈

```
LINKSTACK *pushstack(LINKSTACK *top, DATATYPE2 x)
   {
     LINKSTACK *p;
     p = malloc(sizeof(LINKSTACK));
     p->data = x;
     p->next = top;
     top = p;
     return p;
   }
```

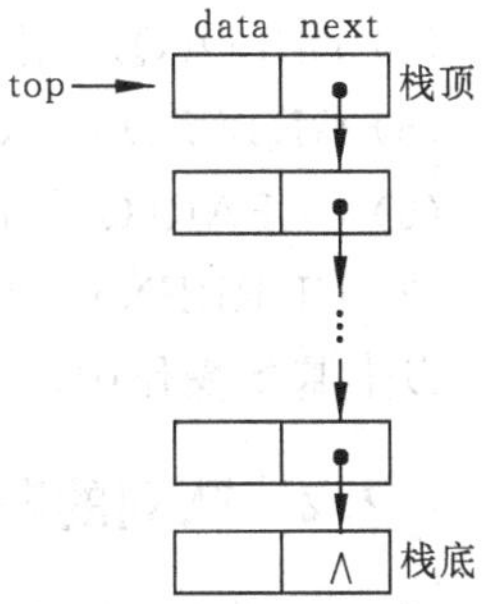

data next
top → 栈顶
∧ 栈底

图4.3 链栈示意图

(2) 出栈

```
LINKSTACK *popstack(LINKSTACK *top, DATATYPE2 *v)
{
    LINKSTACK *p;
    if (top == NULL)
       printf("Underflow\n");
    else
      { *v = top->data;
       p = top;
       top = top->next;
       free(p);}
    return top;
}
```

4.2 队列

4.2.1 队列的定义及基本操作

队列(queue)也是一种特殊的线性表。它所有的插入操作均限定在表的一端进行,而所有的删除操作则限定在表的另一端进行。允许删除操作的一端称为队头(front),允许插入操作的一端称为队尾(rear)。上述规定决定了先进队列的元素先出队列。就如我们平时排队买东西一样。因此队列又称作先进先出(first in first out)的线性表,简称FIFO表。

假设有队列 $Q=(a_1,a_2,\cdots,a_n)$,则队列中的元素是按 $a_1,a_2,\cdots,a_n$ 的次序进队,而第一个出队列的元素是 a_1,第二个出队列的是 a_2,只有在 a_{i-1} 出队列后,a_i 才可以出队列($1\leqslant i\leqslant n$)。当队列中没有元素时称为空队列。队列的示意图如图 4.4 所示。

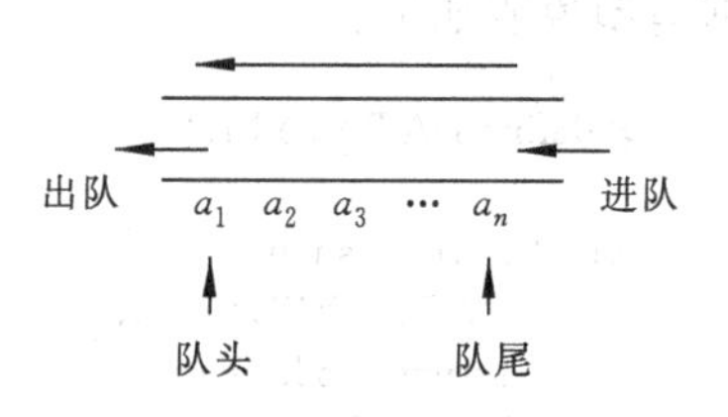

图 4.4　队列结构示意图

队列的基本操作有以下七种:

(1) INITQUEUE(Q)　初始化空队列。

(2) EMPTY(Q)　判队空函数,若 Q 为空栈,则函数返回值为"真"或为 1,否则为"假"或为 0。

(3) ADDQ(Q,x)　入队列操作,在队尾插入一个元素 x。

(4) DELQ(Q)　出队列操作,在队头删除一个元素。

(5) GETFRONT(Q)　取队头元素操作。

(6) CLEAR(Q)　队列置空操作。

(7) CURRENT_SIZE(Q)　求队列中元素的个数的函数。

以上基本操作中,(1),(3),(4),(6)是加工型操作,其他都是引用型操作。

4.2.2　队列的顺序存储结构

顺序存储结构的队列称为顺序队列。通常用一个向量空间来存放顺序队列的元素。由于队列的队头和队尾的位置是在动态变化的,因此要设两个指针分别指向当前队头元素和队尾元素在向量中的位置。这两个指针分别为队头指针 front 和队尾指针 rear。这两个指针都是整型变量。用 C 语言描述顺序队列的数据类型说明如下:

```
#define DATATYPE1 int
#define MAXSIZE 100

typedef struct
  {  DATATYPE1 data[MAXSIZE];
     int front, rear;
}SEQQUEUE;
```

为实现基本操作,我们约定头指针 front 总是指向队列中第一个元素的前一个单元位置,而尾指针 rear 总是指向队列最后一个元素的所在位置。假设 MAXSIZE 为 6,队列中可放入的最多元素个数是 6 个,即 q－>data[0]至 q－>data[5]。初始化时,头指针和尾指针都指向向量空间下界的下一个位置:q－>rear＝q－>front＝－1。当 q－>rear＝MAXSIZE－1 时,新元素就不能再加入队列了;当 q－>rear＝q－>front 时,表示队列中没有元素,为队空。把上面的各种情况汇总为下面的几个条件,这是实现顺序队列基本操作的重要原则:

队列的初始化条件:q－>rear＝q－>front＝－1

队满条件：q－＞rear＝MAXSIZE－1

队空条件：q－＞front＝q－＞rear

假设 MAXSIZE 为 6，队列中可放入的元素最多 6 个，图 4.5 说明了在顺序队列中进行元素出队和元素入队操作时，队列中的元素及队列头指针和尾指针的变化情况。图 4.5(a)表示该队列的初始状态为空。图 4.5(b)表示有三个元素 A,B,C 相继加入队列，队尾指针发生变化，队头指针不变。图 4.5(c)表示 A,B,C 元素先后出队列，队头指针发生变化，队尾指针不变。队头队尾指针碰上时，此队列中无元素。图 4.5(d)表示 D,E,F 元素相继加入队列，此时如有新元素要入队列则因队列已满，即 q－＞rear＝MAXSIZE－1 条件出现，而不能再进行插入元素的操作了。显然，当前队列中的元素的个数是(q－＞rear)－(q－＞front)。

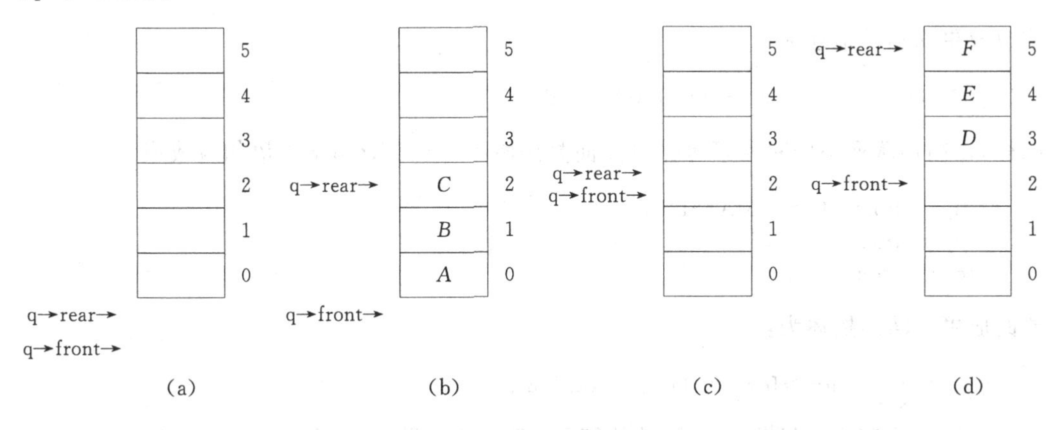

图 4.5 顺序队列上元素入队列、出队列操作示意图

按上面的说明，可将队列中插入元素的操作描述为：

```
if (q->rear == MAXSIZE - 1)
   printf("queue full");
else
  { q->rear ++; q->data[q->rear] = x ; }
```

队列中删除元素的操作描述为：

```
if (q->front == q-> rear)
   printf ("queue empty");
else q->front++;
```

上面的顺序队列在操作中存在着如下问题：例如当 q－＞front＝q－＞rear＝4 时，队列为空，但插入新元素只能从当前 rear 指针指向的位置开始插入，前面的单元无法利用。更有甚者，当 q－＞rear＝MAXSIZE－1 时，队满条件出现，不能再插入新元素，但当前队列可能并不满，而是假满现象。又如当q－＞front＝q－＞rear＝MAXSIZE－1 时，虽为队空，但不能再插入新元素，要做一次队列置空操作后才能工作。产生这些现象的原因是被删除元素的空间在该元素删除以后就永远使用不到了。解决这一问题的常用方法是：将向量 q－＞data 从逻辑上构筑成一个头尾相接的圆环，即 q－＞data[0]接在 q－＞data[MAXSIZE－1]之后，并将这种逻辑含义下的向量称为循环向量，此队列称为循环队列,如图 4.6 所示。循环队列仍然是顺序队列结构,只是逻辑上和前面的顺序队列有所不同。

循环队列上的操作还是基于头指针 q－＞rear 和尾指针 q－＞front,当在 q－＞rear＝MAXSIZE－1 情况下做插入操作时,就能用到前面已被删除的元素空间了,克服了假满的现象。在循环队列中做插入元素操作时,前面算法段中 q－＞rear＋＋语句应改成:

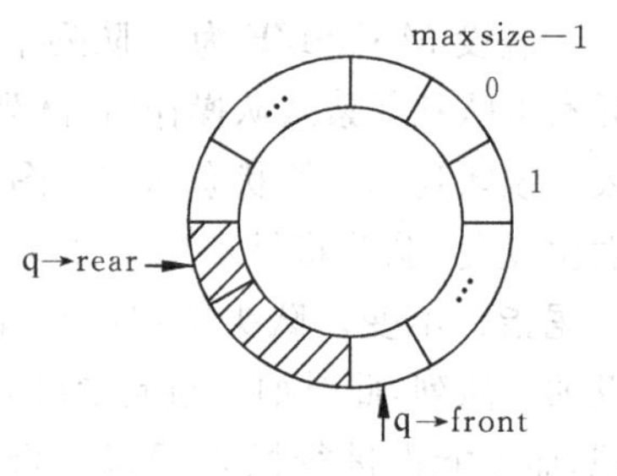

图 4.6　循环队列示意图

```
if (q－>rear+1 == MAXSIZE)
    q－>rear = 0;
else q－>rear++;
```

或改成更简洁的描述为:

```
q－>rear = (q－>rear + 1) % MAXSIZE ;
```

同样,在循环队列中删除元素操作时前面算法段中 q－＞front＋＋语句应改成:

```
if (q－>front+1 == MAXSIZE)
    q－>front = 0;
else q－>front++;
```

或改成更简洁的描述为:

```
q－>front = (q－>front + 1) % MAXSIZE ;
```

上述方法解决了顺序队列假满的问题,但新的问题出现了:队满条件不再是 q－＞rear＝MAXSIZE－1,而变成 q－＞front＝q－＞rear 和队空条件一样了。从不断插入元素的角度看尾指针 q－＞rear 不断加 1,当尾指针和头指针相遇而相等时,则队列满;从不断删除元素的角度看头指针 q－＞front 不断加 1,当头指针和尾指针相遇而相等时,则队列空;所以队满条件和队空条件在循环队列中是一样的:q－＞rear＝q－＞front,而算法是无法分清该等式是表示队满还是表示队空。图 4.7 给出了循环队列插入、删除元素的操作过程,也说明了新问题发生的过程。图 4.7(a)是循环队列的一般情况。图 4.7(b)是在图 4.7(a)情况下不断有元素入队列,当 q－＞rear＝q－＞front 时,则队满情况出现。

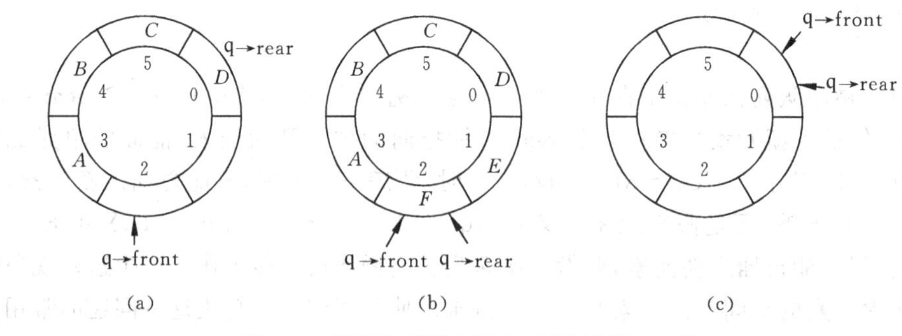

图 4.7　循环队列元素插入、删除过程示意图

图 4.7(c)是在图 4.7(a)情况下不断有元素出队列，当 q—>front=q—>rear 时，则队空情况出现。上述队满和队空情况出现的过程不同，但队满和队空情况的结果相同。

解决新问题的方法有很多种。一种简单的解决方法是：损失一个单元不用，即当循环队列中元素的个数是 MAXSIZE－1 时就认为队满了，这样一来，队满的条件就变成(q—>rear+1)% MAXSIZE=q—>front。队空条件不变，仍是 q—>front=q—>rear。

现把上面约定的方法汇总为循环队列基本操作的重要原则：

循环队列的初始化条件：q—>rear==q—>front==0

循环队满条件：(q—>rear+1)%MAXSIZE==q—>front

循环队空条件：q—>front==q—>rear

下面是在上述约定下循环队列上几个基本操作的算法：

(1) 判队列空

```
int empty(SEQQUEUE *q)
{
   if(q->rear == q->front)
     return 1;
   else
     return 0;
}
```

(2) 取队头元素

```
DATATYPE1 getfront(SEQQUEUE *q)
{
   DATATYPE1 v;
   if (empty(q))
      { printf(" Queue is empty. \n");
        v = NULL;}
   else
     v =q->data [(q->front + 1) % MAXSIZE];
   return v;
}
```

(3) 队尾插入元素

```
int enqueue(SEQQUEUE *q,DATATYPE1 x)
{
   int r;
   if(q->front == (q->rear + 1) % MAXSIZE)
      { printf(" Queue is full. \n");
        r = 0;}
   else
      { q->rear = (q->rear + 1) % MAXSIZE;
        (q->data)[q->rear] = x;
         r = 1;}
   return r;
}
```

(4) 队头删除元素

```
DATATYPE1 dequeue(SEQQUEUE *q)
{
   DATATYPE1 v;
   if(empty(q))
     {printf("Queue is empty. \n");
      v = NULL;}
   else
     { q->front = (q->front + 1) % MAXSIZE;
       v = (q->data)[q->front]; }
   return v;
}
```

4.2.3 队列的链式存储结构

也可用链式存储结构表示队列,简称为**链队列**。一个链队列需要一个头指针和一个尾指针才能唯一确定。队列中元素的结构和前面单链表中结点的结构一样。链队列的数据类型说明如下:

```
#define DATATYPE1 int;

typedef struct qnode
   {   DATATYPE1 data;
       struct qnode *next;
   }LINKQLIST;

typedef struct
{
   LINKQLIST *front, *rear;
}LINKQUEUE;
```

LINKQUEUE 类型说明中的两个分量均为指针变量,分别为链队列的头指针和尾指针。为了操作方便,在队首元素前附加一个头结点,队列的头指针就指向头结点。图 4.8 是一个链队列的示意图,图 4.9 给出了在链队列上插入元素和删除元素的示意图。链队列无队满问题。

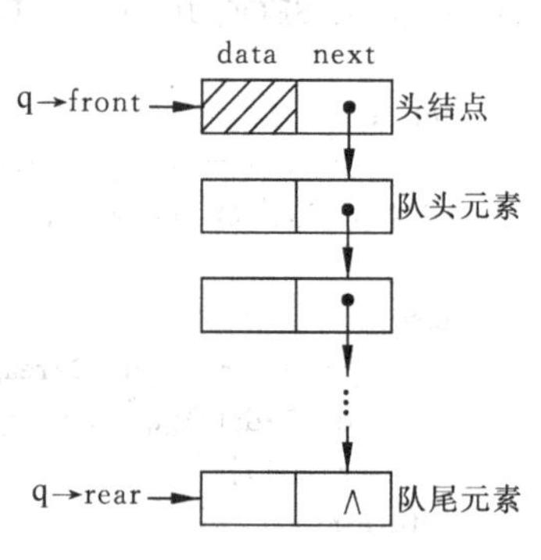

图 4.8　链队列示意图

在链队列上的几个基本操作的算法如下:

(1) 链队列初始化

```
void initlinkqueue(LINKQUEUE *q)
{
   q->front = malloc(sizeof(LINKQLIST));
   (q->front)->next = NULL;
   q->rear = q->front;
}
```

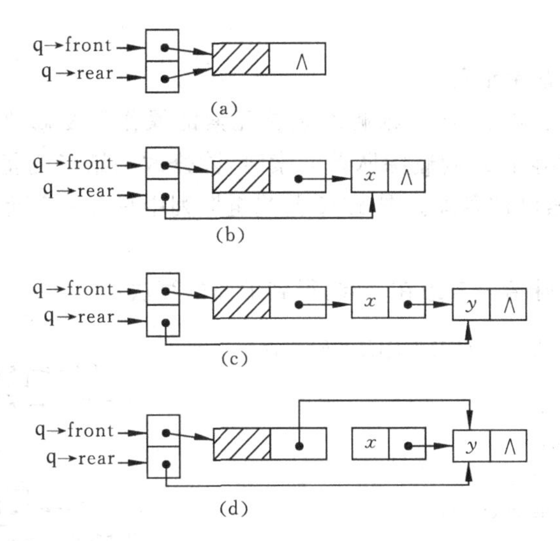

图 4.9　链队列元素插入、删除过程示意图

(2) 判链队列空

```
int emptylinkqueue(LINKQUEUE *q)
{
    int v;
    if(q->front == q->rear)
        v = 1;
    else
        v = 0;
    return v;
}
```

(3) 读链队列队首元素

```
DATATYPE1 getlinkfront(LINKQUEUE *q)
{
    DATATYPE1 v;
    if(emptylinkqueue(q))
        v = NULL;
    else
        v = (q->front)->next->data;
    return v;
}
```

(4) 元素插入链队列

```
void enlinkqueue(LINKQUEUE *q,DATATYPE1 x)
{
    (q->rear)->next = malloc(sizeof(LINKQLIST));
    q->rear = (q->rear)->next;
    (q->rear)->data = x;
    (q->rear)->next = NULL;
```

```
}
```

(5) 从链队列中删除元素

若当前链队列的长度大于1,则删除队首元素的操作只要修改头结点的指针即可。若当前链队列的长度等于1,则删除队首元素时,除修改头结点的指针域外,还应该修改尾指针,因为队尾元素已被删除。图4.10是当链队列中只有一个元素时删除该元素时指针变化的示意图。

把一般情况和特殊情况考虑在一起,得到下面的算法:

```
DATATYPE1 dellinkqueue(LINKQUEUE * q)
{
   LINKQLIST  * p;
   DATATYPE1 v;
   if(emptylinkqueue(q))
     { printf("Queue is empty. \n");
       v = NULL;}
   else
     { p = (q->front)->next;
       (q->front)->next = p->next;
       if(p->next == NULL)
          q->rear = q->front;
       v = p->data;
       free(p); }
   return v;
}
```

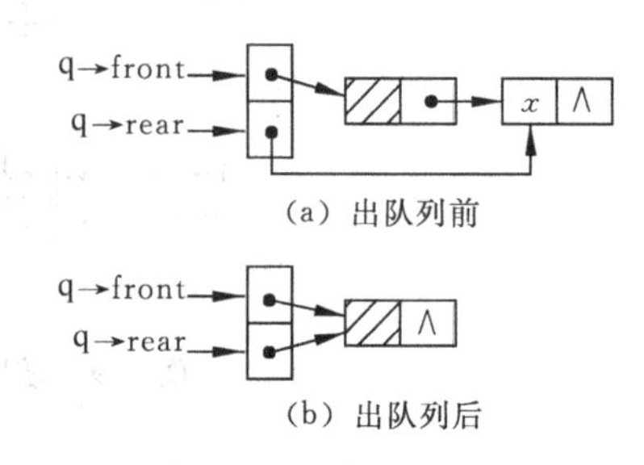

图4.10　链队列长度为1时元素出队列过程示意图

4.3 应用举例及分析

例 4-1 将一个非负十进制整数转换成八进制数,分别用非递归算法和递归算法实现。

用非递归算法实现本操作,可用栈结构。将十进制整数除基数8得到的余数压入栈中,再将商除基数8得到的余数压入栈中,如此继续下去,直到商为0为止。最后从栈中弹出的数据就是本题的结果。算法如下:

```
void d_to_o(unsigned x)
{
  SEQSTACK stack, * s;
  s = &stack;
  initstack(s);
  push(s,'#');
  while(x != 0)
     {  push(s, x % 8);
        x = x / 8;}
  while(gettop(s) != '#')
     printf("%d",pop(s));
}
```

如果将上面的算法用递归算法实现，算法如下：

```
void d_to_or(unsigned x)
{
  if(x / 8 != 0)
    d_to_or(x / 8);
  printf("%d",x % 8);
}
```

递归算法结构清晰，程序简洁，但算法流程比较抽象，不很直观。递归算法用到的栈是由系统提供及管理的。因此用递归函数编程时，不需要用户自己管理递归工作栈。

例 4-2　括号配对语法处理。

如果表达式中包含有括号“(”和“)”，并可以嵌套使用，则需检测表达式中的括号输入是否匹配。如果是“(( ))”序列或“(()())”序列，为配对正确，如果出现“(()”序列或“())(”序列为配对不正确。可以基于栈结构设计一个算法判断输入的一串括号是否配对正确。算法假设输入的字串中除左括号“(”和右括号“)”之外无其他字符，括号串以回车键结束。

算法先分析左括号和右括号配对的规律：左括号和右括号配对一定是先有左括号，后出现右括号。因括号可以嵌套使用，左括号允许单个或连续出现，并等待右括号出现而配对消解。左括号在等待右括号出现的过程中应暂时保存起来，当右括号出现时则一定是和最近出现的一个左括号配对并消解，当右括号出现而找不到有左括号配对时则一定发生了配对不正确的情况。从嵌套的角度考虑，如果左括号连续出现，则后出现的左括号应该与最先来到的右括号配对消解。左括号的这种保存和与右括号的配对消解的过程与栈的后进先出原则是一致的。可以将读到的左括号“(”压入设定的栈中，当读到右括号“)”时就和栈中的左括号配对消解，也就是将栈顶的左括号弹出栈；如果栈顶弹不出左括号，则表示输入括号匹配出错；如果括号串已读完，栈中仍有左括号存在，则也表示输入括号匹配出错。

采用栈结构来检测括号配对是否正确所对应的算法如下：

```
int check(SEQSTACK * s)
{
  int bool;
  char ch;

  push(s,'#');
  ch = getchar();
  bool = 1;
  while(ch != '\n' && bool)
     { if(ch == '(')
          push(s,ch);                          //遇左括号，左括号入栈
       if(ch == ')')                           //遇右括号
          if(gettop(s) == '#')
             bool = 0;                         //无左括号配对，则出错
          else
             pop(s);                           //有左括号配对，则去左括号
       ch = getchar();
```

```
    }
  if(gettop(s) != '#')                        //左括号数目多于右括号,出错
    bool = 0;
  if(bool)
    printf("right");
  else
    printf("error");
}
```

例 4-3 队列管理的模拟算法(队列采用带头结点的链表结构)。

采用如下管理模式:

- 队列初始化为空队列;
- 键盘输入奇数时,奇数从队尾入队列;
- 键盘输入偶数时,队头指针指向的奇数出队列;
- 键盘输入 0 时,退出算法;
- 每输入一整数,显示操作后队列中的值。

下面是队列管理模拟程序的框架,对应的完整程序在习题集中。

```
DATATYPE1 dellinkqueue(LINKQUEUE *q)
/*删除队头元素并返回*/

void enlinkqueue(LINKQUEUE *q, DATATYPE1 x)
/*元素 x 入队列*/

void initlinkqueue(LINKQUEUE *q)
/*链队列初始化*/

void outlinkqueue(LINKQUEUE *q)
/*链队列元素依次显示*/

main()
{
    LINKQUEUE lq, *p;
    int j;

    p = &lq;
    initlinkqueue(p);
    printf("输入一整数(奇数——入队列、偶数——删除队头元素、0——退出):");
    scanf("%d", &j);
    while(j != 0)                             /*输入 0——退出*/
      {if(j % 2 == 1)enlinkqueue(p,j);        /*输入奇数——入队列*/
       else  j = dellinkqueue(p);             /*输入偶数——删除队头元素*/
       outlinkqueue(p);
       printf("\n输入一整数(奇数——入队列、偶数——删除队头元素、0——退出):");
       scanf("%d", &j);}                      /*继续输入*/
}
```

例 4-4 循环队列 q 也可以定义如下:以变量 rear 和 length 分别指定为循环队列中队尾元素的位置和队列含元素的个数。下面给出这种循环队列的初始化条件、队满条件、

队空条件。并写出在这种循环队列上入队列、出队列的算法(在出队列的算法中要返回队头元素)。

用C语言描述本题中所定义的循环队列q,对应的数据类型说明如下:

```
#define DATATYPE1 int
#define MAXSIZE 100

typedef struct
  { DATATYPE1 data[MAXSIZE];
    int rear,length;
  }SEQQUEUE_C;
```

如果知道队尾元素的位置和队中元素个数,则队首所在元素的位置显然是可以计算得到的。在循环队列上实现基本操作的约定不变:队首所在元素的位置总是指向队列中第一个元素的前一个单元位置,队尾元素的位置总是指向队列最后一个元素的所在位置。

上述循环队列的初始化条件:q->rear==0 && q->length==0

队满条件:q->length==MAXSIZE

队空条件:q->length==0

上述循环队列入队列的算法对应如下:

```
int enqueue_c(SEQQUEUE_C *q,DATATYPE1 x)
{
   int r;
   if( q->length == MAXSIZE )
    { printf(" Queue is full. \n");
      r = 0;}
   else
    { q->rear = (q->rear + 1) % MAXSIZE;
      (q->data)[q->rear] = x;
      r = 1;}
   return r;
}
```

上述循环队列出队列的算法对应如下(返回队头元素):

```
DATATYPE1 getpront_c( SEQQUEUE_C *q)
{
   int v, f;

   if (q->length == 0)
       { printf(" Queue is empty. \n");
         v = NULL;}
else
      f = (q->rear - q->length + MAXSIZE ) % MAXSIZE;
      f = ( f + 1 ) % MAXSIZE;
      v = (q->data)[f];
      q->length --;
      return v;
}
```

习　　题

4-1　简述栈和队列这两种数据结构的相同点和不同点，以及它们与线性表的相同点和不同点。

4-2　如果进栈的元素序列为 A、B、C、D，则可能得到的出栈序列有多少？写出全部的可能序列。

4-3　如果进栈的元素序列为 1,2,3,4,5,6，能否得到 4,3,5,6,1,2 和 1,3,5,4,2,6 的出栈序列？并说明为什么不能得到或如何得到。

4-4　写出下列程序段的运行结果(队列中的元素类型是 char)。

```
main()
{
  SEQQUEUE a, *q;
  char x, y;

  q = &a;
  x='e'; y='c';
  initqueue(q);
  enqueue(q,'h'); enqueue(q,'r'); enqueue(q,y);
  x = dequeue(q);
  enqueue(q,x);
  x = dequeue(q);
  enqueue(q,'a');
  while(!empty(q))
     {  y = dequeue(q);
       printf("%c",y);}
  printf("%c\n",x);
}
```

4-5　假设以 I 和 O 分别表示入栈和出栈操作，栈的初态和终态均为空，入栈和出栈的操作序列可表示为仅由 I 和 O 组成的序列，下面所示的序列中哪些是正确的？

(1) IOIIOIOO　　(2) IOOIOIIO　　(3) IIIOIOIO　　(4) IIIOOIOO

4-6　对于向量结构的循环队列，写出计算队列中元素个数的公式。

4-7　单项选择题：

(1) 已知一个栈的进栈序列是 $1,2,3,\cdots,n$，其输出序列是 $p_1,p_2,\cdots,p_n$，若 $p_1=n$，则 p_i 的值________。

A. i　　B. $n-i$　　C. $n-i+1$　　D. 不确定

(2) 设 n 个元素进栈的序列是 $1,2,3,\cdots,n$，其输出序列是 $p_1,p_2,\cdots,p_n$，若 $p_1=3$，则 p_2 的值________。

A. 可能是 2　　B. 一定是 2　　C. 可能是 1　　D. 一定是 1

(3) 设 n 个元素进栈的序列是 $p_1,p_2,\cdots,p_n$，其输出序列是 $1,2,3,\cdots,n$，若 $p_3=3$，则 p_1 的值________。

A. 可能是 2　B. 一定是 2　C. 不可能是 1　D. 一定是 1

4-8 判断以下叙述的正确性。

(1) 栈底元素是不能删除的元素。

(2) 顺序栈中元素值的大小必须是有序的。

(3) 栈是一种对进栈、出栈操作总次数做了限制的线性表。

(4) 对顺序栈进行进栈、出栈操作,不涉及元素的前、后移动问题。

(5) 空栈没有栈顶指针。

4-9 编写一个程序实现在顺序栈上的各种基本操作,用一个主程序串成。

(1) 栈的初始化。

(2) 栈不满的情况下元素进栈。

(3) 栈不空的情况下元素出栈。

(4) 输出栈中元素。

(5) 计算栈中元素个数。

4-10 编写一个程序实现在循环队列上的各种基本操作,用一个主程序串成。

(1) 循环队列的初始化。

(2) 队列不满的情况下元素入队列。

(3) 队列不空的情况下元素出队列。

(4) 输出队列中元素。

(5) 计算队列中元素个数。

4-11 编一程序,将输入的非负十进制整数转换为八进制数输出(在顺序栈结构上实现)。

4-12 在一个表达式中含有括号“(”和“)”并可嵌套使用,编一程序,判断表达式中的括号是否正确配对。

4-13 编写一个链队列管理的程序。这是一个加深理解在链队列结构上元素插入和删除的程序。在建立的带头结点的空链队列上,如果输入奇数,则奇数入队列;如果输入偶数,则队列中的第一个元素出队列;如果输入 0,则退出程序。

4-14 编写一个程序,打印杨辉三角系数。将二项式$(a+b)^i$展开,其系数构成杨辉三角形,按行将展开式系数的前 n 行显示出来。杨辉三角形系数如下:

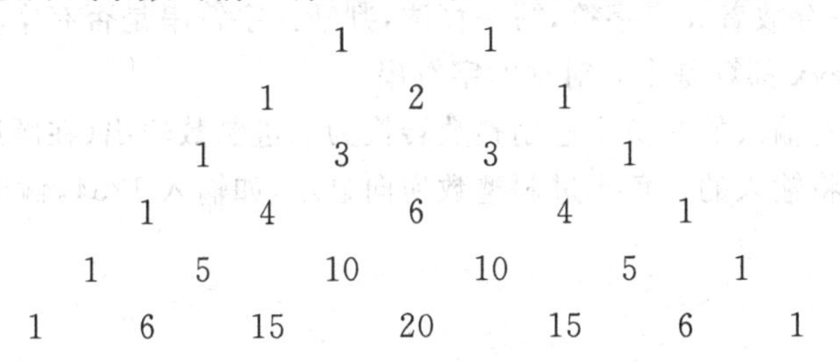

实 训 题

4-15 有 5 个元素,其入栈的次序为 A,B,C,D,E,在各种可能的出栈的次序中,以元素 C,D 最先出栈(即 C 为第一个出栈并且 D 为第二个出栈)的次序有哪几个? 以元素 B,D 最先出栈(即 B 为第一个出栈并且 D 为第二个出栈)的次序有哪几个?

4-16 写出下列程序段的运行结果(栈中的元素类型是 char)。

```
main()
{
  SEQSTACK s, * p;
  char x, y;

  p = &s;
  initstack(p);
  x = 'c'; y = 'k';
  push(p,x); push(p,'a'); push(p,y);
  x = pop(p);
  push(p,'t'); push(p,x);
  x =pop(p);
  push(p,'s');
  while(!empty(p))
     {  y = pop(p);
       printf("%c",y);}
  printf("%c\n",x);
}
```

4-17 判断以下叙述的正确性。

(1) 在 n 个元素进栈后,它们的出栈顺序和进栈顺序一定正好相反。

(2) 栈顶元素和栈底元素不可能是同一元素。

(3) 若用 s[1]−s[m]表示顺序栈的存储空间,则对栈的进栈、出栈操作只能进行 m 次。

(4) n 个元素进队列的顺序和出队列的顺序总是一致的。

(5) 无论是顺序队列还是链接队列,插入和删除元素运算的时间复杂度都是 $O(1)$。

(6) 栈和队列都是限制存取端的线性表。

4-18 写一算法,依次打印一顺序栈中的元素值。

4-19 写一算法,依次打印一链队列中的元素值。

4-20 设单链表中存放着 n 个字符,写一算法,判断该字符串是否有中心对称关系。例如 xyzzyx、xyzyx 都算是中心对称的字符串。

4-21 编一程序,将输入的非负十进制整数转换为二进制数输出(在顺序栈结构上实现)。

4-22 编一程序,将输入的非负十进制整数逆向显示,如输入 1234,输出显示 4321。

第5章 其他线性数据结构

计算机上非数值处理的对象基本上是字符串数据。在较早的程序设计语言中，字符串仅作为输入和输出的常量出现。随着计算机应用的发展，在越来越多的程序设计语言中，字符串也可作为一种变量类型出现，并产生了一系列字符串的操作。在信息检索系统、文字编辑程序、自然语言翻译系统等应用中，都是以字符串数据作为处理对象的。字符串一般简称为串。

本章讨论字符串的基本概念，存储方法和串的基本操作。

5.1 串

5.1.1 串的定义及基本操作

串(string)是由零个或多个字符组成的有限序列。一般记为

$$S = \text{`}a_1\ a_2\ \cdots a_n\text{'}\quad (n \geqslant 0)$$

其中，S是串名，用单引号或双引号括起来的字符序列是串的值，a_i($1 \leqslant i \leqslant n$)可以是字母、数字或其他字符。串中字符的数目$n$称为串的长度，长度为0的串称为空串。串中任意个连续的字符组成的子序列称为该串的子串，包含子串的串相应地称为主串。通常把字符在序列中的序号称为该字符在串中的位置，子串在主串中的位置则以子串的第一个字符在主串中的位置来表示。空串是任意串的子串，任意串是其自身的子串。

例如，设A,B,C为如下三个串：A="data"，B="structure"，C="data structure"，则它们的长度分别是4,9,14，A和B都是C的子串，A在C中的位置是1，而B在C中的位置是6。

只有当两个串的长度相等，并且各个对应位置上的字符都相等时，才认为这两个串相等。空格作为字符集合中的一个元素，常常出现在串中。由一个或多个空格组成的串称为空格串。也就是说空格串中只有空格字符。为了清楚起见，我们用"␣"表示空格字符。特别指出，空格串不是空串，空格串的长度不为零。

串值必须用一对单引号或双引号括起来，但引号本身不属于串。

串是一种特殊的线性表，它的特殊性在于：串中的每一个数据元素仅由一个字符

组成。

常用串的基本操作有下列九种。在讨论中设定用大写字母表示串名,小写字母表示串中字符。

(1) 赋值操作(=) 赋值号左边必须是串变量,右边可以是串变量、串常量或运算值是串值的表达式。例如 S="shang hai"。

(2) EQUAL(S,T) 判两串是否相等的函数。若 S 和 T 相等,则返回函数值"true"或 1;否则返回函数值"false"或 0。S 和 T 可以是空串,也可以是非空串。

(3) STRLEN(S) 求串的长度的函数。函数值为串 S 中字符的个数。

(4) CONCAT(S,T_1,T_2) 连接操作。设 S,T_1,T_2 都是串变量,连接操作就是将串 T_1 和串 T_2 放入 S 中。S 串中的前一段和串 T_1 相等,S 串中的后一段和串 T_2 相等。例如若 T_1="$a_1a_2\cdots a_m$",T_2="$b_1b_2\cdots b_n$",则 S ="$a_1a_2\cdots a_mb_1b_2\cdots b_n$"。由此定义可见 CONCAT(S,$T_1$,$T_2$)与 CONCAT(S,$T_2$,$T_1$)的结果不一样。连接操作还可推广至 n 个串变量。

(5) SUBSTR(S,i,j) 求子串函数。当 $1\leqslant i\leqslant$STRLEN(S)且 $0\leqslant j\leqslant$STRLEN(S)$-i+1$,返回函数值是 S 的一个子串,即从串 S 中第 i 个字符起,长度为 j 的字符序列。否则返回一个特殊的值。

(6) INDEX(S,T) 定位函数。若在主串 S 中存在和 T 相等的子串,则函数值返回在 S 中出现的第一个和 T 相等的子串在 S 中的位置,否则函数值为零。注意 T 不能是空串。

(7) REPLACE(S,T,V) 置换操作。操作结果是以串 V 替换所有在串 S 中出现的和串 T 相等的不重叠的子串。例如,设 S="bbabbabba",T="ab",V="c",则 REPLACE(S,T,V)的结果是 S="bbcbcba"。如果上面的 V="a",则结果是 S="bbababa"。

(8) INSERT(S,pos,T) 插入操作。当 1≤pos≤STRLEN(S)+1 时,在串 S 的第 pos 个字符之前插入串 T。

(9) DELETE(S,pos,len) 删除操作。当 1≤pos≤STRLEN(S)且 0≤len≤STRLEN(S)−pos+1 时,从串 S 中删去第 pos 字符起、长度为 len 的子串。

上述(1)~(5)的串操作是构成串操作的最小操作子集。(6)~(9)及没有列出的串的其他操作可以利用已有的基本操作来实现。上述的九种操作频繁地用在串处理中,因此在很多引入串变量的高级语言中,都将上面的基本操作作为基本的内部函数或过程来提供。当然,基本操作种类和规定在各个语言中会有所不同。

5.1.2 串的存储结构

存储字符串的方法和存储线性表的方法一样,只是串中数据元素都是单个字符。下面分别介绍串的顺序存储结构和串的堆分配存储结构。

1. 串的顺序定长存储结构

和线性表的顺序存储一样,用一组地址连续的存储单元存储串的字符序列,构成串的顺序存储,简称为顺序串。

可以用一个特定的、不会在串中出现的字符作为串的终止符，放在串的最后，表示串的结束。在C语言中用字符'\0'作为串的终止符。若不设终止符，可用一个整型变量记录串的长度，顺序串的数据类型描述如下：

```
#define MAXSIZE 100

  typedef struct
{   char ch[MAXSIZE];
    int len;
}SEQSTRING;
```

例如串 S="abc ␣def ␣ghi ␣jkl"，串长 S. len=15，本章中规定字串都从 S. ch[1]单元开始存放，S. ch[0]单元不用，串 S 的顺序存储结构如图 5.1 所示。计算机一般采用字节编址存储器，可以用单字节格式存放字符，即一个字节(八位二进制数码)存储一个字符，这样既节省空间，结构也简单。

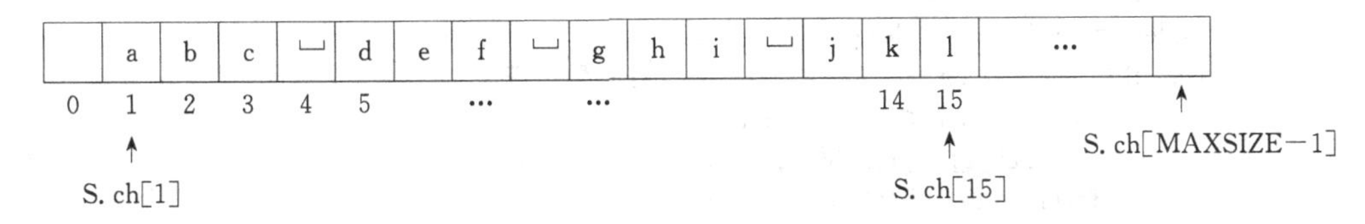

图 5.1　串 S 的顺序存放示意图

2. 堆分配存储结构

在顺序串上的插入、删除操作并不方便，需移动大量的字符。当操作出现串值序列的长度超过上界 MAXSIZE 时，只能用截尾法处理。要克服这个弊病只有不限定串的最大长度，动态分配串值的存储空间。

堆分配存储结构的特点是：仍以一组地址连续的存储单元存放串的字符序列，但其存储空间是在算法执行过程中动态分配得到的。在C语言中，由动态分配函数 malloc()和 free()来管理。利用函数 malloc()为每一个新产生的串分配一块实际需要的存储空间，若分配成功，则返回一个指针，指向串的起始地址。串的堆分配存储结构如下：

```
typedef struct
{   char *ch;
    int len;
} HSTRING;
```

由于堆分配存储结构的串既有顺序存储结构的特点，在操作中又没有串长的限制，显得很灵活，因此，在串处理的应用程序中常被选用。

5.1.3　串的基本操作的实现

下面给出部分串的基本操作所对应的算法。

1. 在串的顺序定长存储结构上实现 CONCAT(S, T_1, T_2)操作

在操作时需考虑可能出现的三种情况：(1) 串 T_1 和串 T_2 的长度之和小于

MAXSIZE,即两串连接得到的 S 串是串 T_1 和串 T_2 联接的正常结果,S 串的长度等于串 T_1 和串 T_2 的长度之和。(2)串 T_1 的长度小于 MAXSIZE,而串 T_1 和串 T_2 的长度之和大于 MAXSIZE,则两串连接得到的 S 串是串 T_1 和串 T_2 的一个子串的连接,串 T_2 的后面部分被截断,S 串的长度等于 MAXSIZE。(3)串 T_1 的长度等于 MAXSIZE,则两串连接得到的 S 串实际上只是串 T_1 的复制,串 T_2 全部被截断,S 串的长度等于 MAXSTRLEN。

```
void concat(SEQSTRING s, SEQSTRING t1, SEQSTRING t2)
// 由串 t1 和串 t2 连接而成的新串存放在串 s 中。若长度超过规定的长度,则截断
{
    int i, n = MAXSIZE-1;
    if(t1.len + t2.len <= n)                    // 第一种情况
      { for(i = 1; i <= t1.len; i++)
            s.ch[i] = t1.ch[i];
        for(i = 1; i <= t2.len; i++)
            s.ch[i + t1.len] = t2.ch[i];
        s.len = t1.len + t2.len;}
      else  if (t1.len < n)                     // 第二种情况
            {for(i = 1; i <= t1.len; i++)
                  s.ch[i] = t1.ch[i];
             for(i = 1; i + t1.len <= n; i++)
                  s.ch[i+t1.len] = t2.ch[i];
             s.len = n; }
          else                                  // 第三种情况
            {for(i = 1; i <= n; i++)
                  s.ch[i] = t1.ch[i];
             s.len = n;}
}
```

2. 在串的堆分配存储结构上实现 CONCAT(S,T_1,T_2)操作

前面已讨论了在串的顺序定长存储结构上实现 CONCAT(S,T_1,T_2)操作的算法。下面给出的是在串的堆分配存储结构上实现 CONCAT(S,T_1,T_2)操作的算法。读者可和上面的算法作一比较,进一步掌握串的两种存储结构。

```
void concat_h (HSTRING s,HSTRING t1, HSTRING t2)
// 由串 t1 和串 t2 连接而成的新串存放在 s 中
{
    int i;
    s.ch = malloc((t1.len + t2.len) * sizeof(char));
    for(i = 1; i <= t1.len; i++)
        s.ch[i] = t1.ch[i];
    for(i = 1; i <= t2.len; i++)
        s.ch[i + t1.len] = t2.ch[i];
    s.len = t1.len + t2.len;
}
```

3. 在串的顺序定长存储结构上实现子串的定位操作 INDEX(S,T)

子串的定位操作通常称作串的模式匹配(其中 T 称为模式),是各种串处理系统中最

重要的操作之一。

下面的算法是利用判等、求子串等操作来实现定位函数 INDEX(S,T)的。算法的思路是：在主串 S 中从 $i=1$ 开始取一长度和串 T 长度相等的子串与串 T 进行比较，若相等，则函数返回 i；否则 i 增加 1，从 $i=2$ 开始取一长度和串 T 长度相等的子串与串 T 进行比较，重复上述的过程，直至确定在串 S 中取不到和串 T 长度相等的子串为止，函数返回 0。或在 S 中取到一个和串 T 相等的子串，函数返回 i。操作过程见图 5.2。

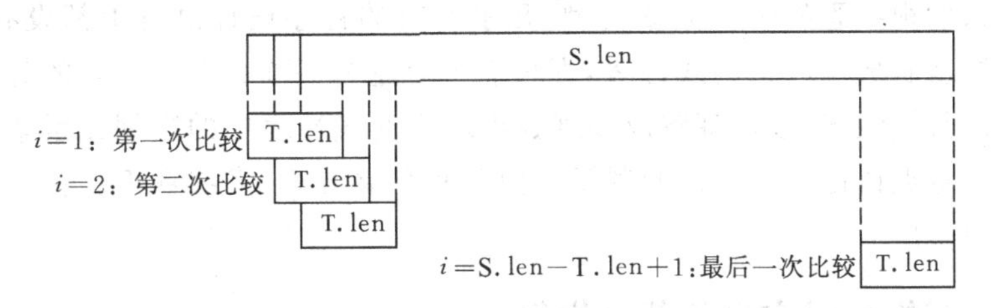

图 5.2 定位函数 INDEX(S,T)操作示意图

从图中可以看出，i 的取值范围是 1 到 S. len−T. len+1。算法如下：

```
int index(SEQSTRING s, SEQSTRING t)
{
    int i, n, m, flag;
    n = s.len;
    m = t.len;
    flag = 0;
    i = 1;
    while(i <= n - m + 1 && (!flag))
      {if(equal(substr(s,i,m),t))
          flag = 1;
       else
          i++;}
    if(flag)
       return i;
    else
       return 0;
}
```

如不调用其他的串操作函数，算法如下：

```
int index_b(SEQSTRING s,SEQSTRING t)
{
    int i = 1, j = 1;
    while(i <= s.len && j <= t.len)
        if(s.ch[i] == t.ch[j])
          {i++; j++;}
        else
        {i = i - j + 2;
         j = 1;}
    if(j > t.len)
      return i - t.len;
```

```
        else
            return 0;
    }
```

5.2 多维数组

数组是人们很熟悉的一种数据类型,几乎所有的程序设计语言中都设有数组类型。我们把多维数组看成是广义的线性表,即可看成是这样一个线性表:它的每一个数据元素都是一个定长线性表,或可理解成多维数组对应的线性表中的数据元素本身又是一个线性表。本节重点讨论二维数组的逻辑结构及其存储方式,多维数组可在二维数组的分析基础上加以推广。

5.2.1 二维数组定义及基本操作

数组是由下标和值组成的序对的集合。在数组中,一旦给定下标,都存在一个与其相对应的值,这个值就称为数组元素。设定 A 是一个二维数组,如图 5.3(a)所示,以 m 行 n 列的矩阵形式表示。它可以看成是一个线性表 $A=(a_1,a_2,\cdots,a_n)$,其中,每一个元素 a_i 对应一个列向量形式的线性表 $a_i=(a_{1i},a_{2i},a_{3i},\cdots,a_{mi})$,如图 5.3(b)所示。如此我们就把二维数组看成是由 n 个列向量组成的线性表了。同样,可以把二维数组 A 看成是一个线性表 $A=(a_1,a_2,\cdots,a_m)$。其中,每一个元素 a_j 对应一个行向量形式的线性表 $a_j=(a_{j1},a_{j2},a_{j3},\cdots,a_{jn})$,如图 5.3(c)所示。

$$A_{m\times n}=\begin{bmatrix} a_{11} & a_{12} & a_{13} & \cdots & a_{1n} \\ a_{21} & a_{22} & a_{23} & \cdots & a_{2n} \\ \vdots & \vdots & \vdots & & \vdots \\ a_{m1} & a_{m2} & a_{m3} & \cdots & a_{mn} \end{bmatrix}$$

(a) A 矩阵示意图

$$A_{m\times n}=\left[\begin{bmatrix} a_{11} \\ a_{21} \\ \vdots \\ a_{m1} \end{bmatrix}\begin{bmatrix} a_{12} \\ a_{22} \\ \vdots \\ a_{m2} \end{bmatrix}\cdots\begin{bmatrix} a_{1n} \\ a_{2n} \\ \vdots \\ a_{mn} \end{bmatrix}\right]$$

(b) 列向量形式的线性表

$$A_{m\times n}=((a_{11}\ a_{12}\cdots\ a_{1n}),(a_{21}\ a_{22}\cdots\ a_{2n}),\cdots,(a_{m1}\ a_{m2}\cdots\ a_{mn}))$$

(c) 行向量形式的线性表

图 5.3 二维数组例图

数组一旦被定义,它的维数和维界就不再改变。因此,数组的运算通常只有两种基本运算:

- 给定一组下标,存取相应的数据元素;
- 给定一组下标,修改相应数据元素的值。

5.2.2 二维数组的向量存储结构

数组一旦建立起来,结构中的元素个数和元素之间的关系就不再发生变化,又由于对数组一般不作插入和删除操作,所以二维数组中的元素可以用向量(顺序)存储结构来存放。用向量结构来存放二维数组中的元素,一定要按某种次序将元素排成一个线性序列。

顺序存放的次序有两种规则：

- 先行后列顺序，或者称为行优先顺序，在 PASCAL，C 语言中，数组就是按行优先顺序存储的；
- 先列后行顺序，或者称为列优先顺序，在 FORTRAN 语言中，数组就是按列优先顺序存储的。

例如，B 数组是个 5 行 3 列的二维数组，对应的两种规则的顺序存储结构见图 5.4。

$$B=\begin{bmatrix}2 & 1 & 3\\ 1 & 4 & 4\\ 5 & 1 & 0\\ 6 & 0 & 8\\ 5 & 3 & 2\end{bmatrix}$$

2	1	3	1	4	4	5	1	0	6	0	8	5	3	2	…
1	2	3	4	5	6	7	8	9	10	11	12	13	14	15	

(a) 按行优先存放

2	1	5	6	5	1	4	1	0	3	3	4	0	8	2	…
1	2	3	4	5	6	7	8	9	10	11	12	13	14	15	

(b) 按列优先存放

图 5.4 *B* 数组的两种顺序存放示意图

以上规则可以推广到多维数组：行优先顺序可规定为最右的下标优先，从右向左；列优先顺序规定为最左的下标优先，从左向右。

对于顺序存储的数组，只要知道向量的起地址，数组的行号数和列号数，以及每个数组元素所占用的存储单元，就可以求得给定下标的数组元素的存储起地址。

例如，一个二维数组 $A(m\times n)$按行优先顺序存储在向量中。设定数组中第一个元素的序号为 1，当已知某个数据元素的下标 i，j 时($1\leqslant i\leqslant m,1\leqslant j\leqslant n$)，则可用下列公式计算该数据元素在向量中的序号 $\text{index}(a_{i,j})$：

$$\text{index}(a_{i,j}) = n(i-1)+j$$

如果已知数组 $A(m\times n)$中第一个元素的存储起地址 $\text{LOC}(a_{1,1})$，并已知某个数据元素的下标 i,j($1\leqslant i\leqslant m,1\leqslant j\leqslant n$)，及每个数据元素占用的存储单元数为 b，就可以计算该数据元素的存储起地址：

$$\text{LOC}(a_{i,j})=\text{LOC}(a_{1,1})+[n(i-1)+(j-1)]b$$

计算数组中每个元素的存储起地址所花的时间是一样的，也就是说存取数组中任一元素所花的时间是一样的。因此，我们称数组的这种顺序存储结构是随机存储结构。

值得一提的是：在 C 语言中，数组下标的下界是 0，因此在 C 语言中，如果数组元素从 0 下标开始存放，地址的计算公式是：

$$\text{LOC}(a_{i,j})=\text{LOC}(a_{0,0})+(in+j)b$$

5.2.3 稀疏矩阵的压缩存储

矩阵是很多科学与工程计算问题中研究的数学对象，在实际问题中，经常会碰到阶数很高而其中许多元素值都为零的矩阵。为了节省存储空间，可以对这类矩阵进行压缩存储。

在有的矩阵中非零元素的个数远远小于矩阵元素的总数，这样的矩阵称为稀疏矩阵。

对于稀疏矩阵，只考虑非零元素的存储，每一个非零元素 $a_{i,j}$，可以用一个三元组(i,j,v)来唯一确定。其中，i,j 是非零元素在矩阵中对应的行号和列号，v 是非零元素的值。

将稀疏矩阵中的非零元素的三元组按行优先的顺序排列则得到一个元素类型是三元组的线性表，称为三元组表。三元组表是稀疏矩阵的一种顺序存储结构。以下的讨论中均假定三元组是按行优先的顺序排列的。稀疏矩阵的三元组存储的数据类型描述如下：

```
#define MAXLEN 40
#define DATATYPE1 int

typedef struct
{   int i, j;                    // 非零元素的行号和列号
    DATATYPE1 v;                 // 非零元素的值
}NODE;

typedef struct
{   int m, n, t;                 // 稀疏矩阵的行数和列数及非零元素的个数
    NODE data[MAXLEN];           // 三元组线性表
}SPMATRIX;
```

这种表示方法，在矩阵足够稀疏的情况下，对存储空间的需求量比一般存储少得多。例如，在图 5.5(a)所示的 M 矩阵中，它有 5 行、6 列，如果每一个元素占 2 个字节，按一般顺序存储则需 60 个字节，按三元组顺序存储，假设存放非零元素的行号和列号也各占 2 个字节，因有非零元素 6 个，则仅需 36 个字节。设定 a 是类型定义为 SPMATRIX 的变量，表示稀疏矩阵 M，图 5.5 是稀疏矩阵 M 和对应的三元组存储结构示意图。

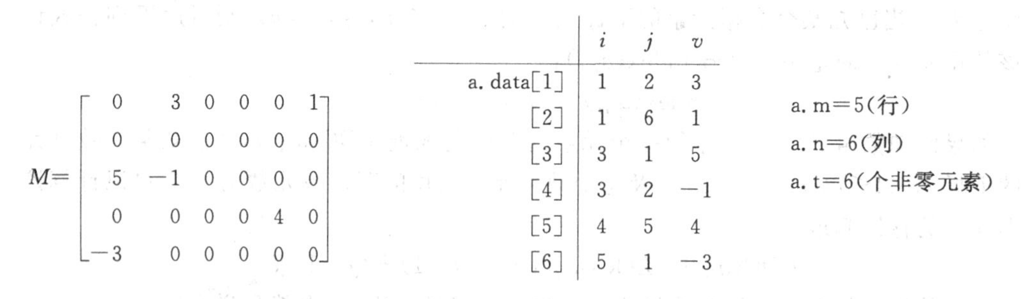

$$M=\begin{bmatrix} 0 & 3 & 0 & 0 & 0 & 1 \\ 0 & 0 & 0 & 0 & 0 & 0 \\ 5 & -1 & 0 & 0 & 0 & 0 \\ 0 & 0 & 0 & 0 & 4 & 0 \\ -3 & 0 & 0 & 0 & 0 & 0 \end{bmatrix}$$

(a) 稀疏矩阵 M

	i	j	v
a.data[1]	1	2	3
[2]	1	6	1
[3]	3	1	5
[4]	3	2	−1
[5]	4	5	4
[6]	5	1	−3

a.m=5(行)
a.n=6(列)
a.t=6(个非零元素)

(b) M 的三元组结构 a

图 5.5　稀疏矩阵 M 和对应的三元组结构 a

三元组存储结构因以行优先存放，存在以下的规律：元组中的第一列按行号的顺序由小到大排列，元组中的第二列是列号，列号在行号相同时也是由小到大排列。

5.2.4　稀疏矩阵的转置算法

矩阵的转置是指按一定规律变换元素的位置，一个 m 行 n 列的矩阵转置以后变成一个 n 行 m 列的矩阵。例如，矩阵 M 转置后得到矩阵 N，在矩阵 M 中位于 i,j 上的元素，转置后即对应于矩阵 N 中 j,i 上的元素，$M_{i,j}=N_{j,i}$。矩阵转置就是把矩阵元素的行和列对换，其中 $1\leqslant i\leqslant n$,$1\leqslant j\leqslant m$。以下给出的转置算法都是在矩阵的三元组存储结构上实

现的。设定 b 是类型定义为 SPMATRIX 的变量，图 5.6(a)所示的是 M 矩阵转置后得到的稀疏矩阵 N，图 5.6(b)是 N 矩阵对应的三元组存储结构示意图。

$$N=\begin{bmatrix} 0 & 0 & 5 & 0 & -3 \\ 3 & 0 & -1 & 0 & 0 \\ 0 & 0 & 0 & 0 & 0 \\ 0 & 0 & 0 & 0 & 0 \\ 0 & 0 & 0 & 4 & 0 \\ 1 & 0 & 0 & 0 & 0 \end{bmatrix}$$

(a) M 矩阵转置后得 N 矩阵

	i	j	v
b. data[1]	1	3	5
[2]	1	5	−3
[3]	2	1	3
[4]	2	3	−1
[5]	5	4	4
[6]	6	1	1

b. m=6(行)
b. n=5(列)
b. t=6(个非零元素)

(b) N 的三元组结构 b

图 5.6　稀疏矩阵 N 和对应的三元组结构 b

a. data 和 b. data 都具有上述三元组存放的规律，这是矩阵转置算法实现的依据。

(1) 一般插入算法

算法的思路是：对 a. data 扫描一遍，扫描过程中依次取出 a. data 中的每一个三元组元素，将对应的行号和列号对换，放入 b. data 中。为保证 b. data 具有三元组存放元素的规律，需在放入前和前面的元素按行及列比较，插在对应位置上。例如，在由 a. data 得到 b. data 的过程中，(1,2,3)变换成(2,1,3)放在 b. data[1]中，(1,6,1)变换成(6,1,1)放在 b. data[2]中，而 a. data[3]对应的(3,1,5)变换成(1,3,5)就不应简单地放入 b. data[3]中，而应按规律插在(2,1,3)之前，就必须移动(2,1,3)和(6,1,1)三元组。b. data 中后面的三元组元素都要按此原则处理，这样势必引起元素的经常移动，参见图 5.7，算法在移动元素上花去了大量的时间。

	i	j	v
b. data[1]	2	1	3
[2]	6	1	1
[3]	1	3	5

⇒

	i	j	v
b. data[1]	1	3	5
[2]	2	1	3
[3]	6	1	1
[4]	2	3	−1

⇒

	i	j	v
b. data[1]	1	3	5
[2]	2	1	3
[3]	2	3	−1
[4]	6	1	1
[5]	5	4	4

⇒

	i	j	v
b. data[1]	1	3	5
[2]	2	1	3
[3]	2	3	−1
[4]	5	4	4
[5]	6	1	1
[6]	1	5	−3

⇒

	i	j	v
b. data[1]	1	3	5
[2]	1	5	−3
[3]	2	1	3
[4]	2	3	−1
[5]	5	4	4
[6]	6	1	1

图 5.7　一般插入算法操作过程示意图

(2) transpose 算法

为了避免移动元素而花去大量的时间，可采用下面改进的 transpose 算法，该算法的思路是：考虑到 b. data 中的行就是 a. data 中的列，要想得到 b. data 中行号为 1 的三元组元素，可对 a. data 扫描一遍，找出 a. data 中列号为 1 的元素即可。以下就是中文描述的 transpose 算法。

对 a. data 扫描第 1 遍，得到 a. data[p]. j=1(1≤p≤a. t)的元素，它们应该就是 b. data 中行号为 1 的元素，而且根据规律，依次得到的这些元素的行号一定是从小到大排好序的，所以把这些三元组元素的 i, j 对换放到 b. data 中，b. data 行号为 1 的元素就放到位了。

对 a.data 扫描第 2 遍，得到 a.data[p].j=2(1≤p≤a.t)的元素，把这些三元组元素的 *i*，*j* 对换放到 b.data 中，b.data 行号为 2 的元素就放到位了。

对 a.data 扫描 a.n 遍，数组转置完成。

用 C 语言描述的 transpose 算法如下：

```
void transpose(SPMATRIX b, SPMATRIX a)
{
    int p, q, col;

    b.m = a.n;
    b.n = a.m;
    b.t = a.t;
    if(a.t != 0)
    { q = 1;
      for(col = 1; col <= a.n; col++)
         for(p = 1; p <= a.t; p++)
            if(a.data[p].j == col)
                {b.data[q].j = a.data[p].i;
                 b.data[q].i = a.data[p].j;
                 b.data[q].v = a.data[p].v;
                 q++;}}
}
```

5.3 应用举例及分析

例 5-1 编写算法，在串的顺序定长存储结构上实现求子串函数 SUBSTR(S,i,j)。

此操作不应发生字串截断的情况，算法中对调用此函数给定的参数须作合法性判断，当参数非法时，函数返回空串。算法如下：

```
SEQSTRING substr(SEQSTRING s, int i, int j)
//返回 s 串中的第 i 个字符起长度为 j 的子串。
{
  SEQSTRING sub;
  int n;
    if(i < 1 || i > s.len || j < 0 || j > s.len - i + 1)
       sub.len = 0;
    else
       {for(n = 1; n <= j; n++)
            sub.ch[n] = s.ch[i + n - 1];
            sub.len = j;}
    return sub;
}
```

例 5-2 编写算法，在串的堆分配存储结构上实现求子串函数 SUBSTR(S,i,j)。

前面讨论了在串的顺序定长存储结构上实现 SUBSTR(S,i,j)函数的算法。下面是在串的堆分配存储结构上实现 SUBSTR(S,i,j)函数的算法。此算法对给定的参数须作合法性判断,当参数非法时,函数返回空串。读者可和上面的算法作比较,进一步掌握串的两种存储结构。算法如下:

```
HSTRING substr_h(HSTRING s, int i, int j)
//返回 s 串中的第 i 个字符起长度为 j 的子串
{
  HSTRING sub;
  int n;

  if(i < 1 || i > s.len || j < 0 || j > s.len - i + 1 )
  {  sub.ch = NULL;
     sub.len = 0;}
  else
  {  sub.ch = malloc(j * sizeof(char));
     for(n = 1; n <= j; n++)
         sub.ch[n] = s.ch[n + i - 1];
     sub.len = j;}
  return sub;
}
```

例 5-3 已知一个二维数组 A,行下标 $0 \leqslant i \leqslant 7$,列下标 $0 \leqslant j \leqslant 9$,每个元素的长度为 3 字节,从首地址 200 开始连续存放在内存中,该数组元素按行优先存放,问元素 A[7][4] 的起地址是多少?

该二维数组是用顺序存储结构存放元素,可用前面介绍的计算公式进行计算。A 数组的行号数是 8,列号数是 10。题中给出的存放形式和 C 语言中一致,数组下标的下界是 0,因此地址的计算公式是:$\mathrm{LOC}(a_{i,j}) = \mathrm{LOC}(a_{0,0}) + (i * n + j) * b$,套用此公式,求得结果:$200 + (7 \times 10 + 4) \times 3 = 422$。

例 5-4 设矩阵 $A(6 \times 6)$,A 中元素满足下列条件:

$$a_{i,j} \neq 0 \quad (i \geqslant j,\ 1 \leqslant i,\ j \leqslant 6)$$
$$a_{i,j} = 0 \quad (i < j,\ 1 \leqslant i,\ j \leqslant 6)$$

现将所有非 0 元素以行为主序顺序存放在首地址为 2000 的内存中,每个元素占 4 个单元,计算元素 $A_{5,2}$ 的首地址。

首先看到矩阵 A 是一个行号和列号相等的矩阵。我们又称这种的矩阵为 n 阶方阵。A 为 6 阶方阵($n = 6$)。从元素满足的条件看,矩阵 A 中的下三角部分(包括对角线)存放了非 0 元素,而上三角部分(不包括对角线)全为 0,如图 5.8(a)所示。基于这样的特殊性,可压缩存放矩阵元素,压缩的基本思想是:非 0 元素按行优先顺序存放,只分配一个单元存放 0 元素。所以只要存储矩阵中包括对角线在内的下三角中的元素,加上一个放 0 的单元。包括对角线在内的下三角部分共有 $n(n+1)/2$ 个元素,这样可将原来需要 n^2 个存储单元减少到 $n(n+1)/2+1$ 个存储单元。存放结构如图 5.8(b)所示。这些元素存放在一个向量中,设定下标从 1 开始,每个元素占 b 个单元,方阵 A 中每一个元素 $a_{i,j}$ $(1 \leqslant i,\ j \leqslant 6)$ 的首地址的计算公式如下:

$$A(6\times 6)=\begin{bmatrix} 1 & 0 & 0 & 0 & 0 & 0 \\ 11 & 2 & 0 & 0 & 0 & 0 \\ 3 & 4 & 50 & 0 & 0 & 0 \\ 5 & 6 & 7 & 8 & 0 & 0 \\ 12 & 2 & 31 & -5 & 8 & 0 \\ 31 & 7 & 82 & 5 & 4 & 3 \end{bmatrix}$$

(a) 6阶方阵 A 的上半角部分全为零

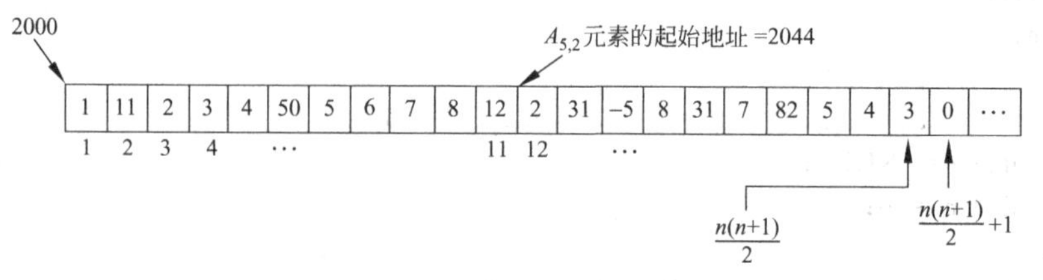

(b) A 的压缩存储

图 5.8　矩阵 A(6×6)的压缩示意图

$$\mathrm{LOC}(a_{i,j})=\mathrm{LOC}(a_{1,1})+(i(i-1)/2+(j-1))b \quad (i\geqslant j)$$

$$\mathrm{LOC}(a_{i,j})=\mathrm{LOC}(a_{1,1})+(n(n+1)/2)b \quad (i< j)$$

推导原则是：对第 i 行中的元素而言，前面 $i-1$ 行中包含一个 $(i-1)$ 阶方阵，其下三角中的元素个数是 $(i-1)i/2$ 个。

用上面的公式可计算得 $A_{5,2}$ 元素的首地址是：2000＋(5×(5－1)/2＋(2－1))×4＝2044。

例 5-5　对称矩阵的压缩存储和计算公式介绍

设 n 阶方阵 A 中元素满足下列条件：$a_{i,j}==a_{j,i}(i,j=0,1,\cdots,n-1)$，我们称这种的矩阵为对称矩阵。对于对称矩阵中的每一对对称元素，可以只分配一个元素的存储空间，从而将 n^2 个元素的存储空间压缩到 $n(n+1)/2$ 个元素的存储空间。假设以一维数组 $B[n(n+1)/2]$ 按行为主序顺序存放对称矩阵 A 的下三角中的元素（包括对角线），数组 $B[k]$ 中存放元素 $a_{i,j}$。根据等差数列的求和公式可得到下标的转换公式，即可根据已知的对称矩阵中元素的下标 i,j 计算得到该元素在数组 B 中存放的下标 k。下标的转换公式如下：

$$k=\begin{cases} i(i-1)/2+j-1, & (i\geqslant j) \\ j(j-1)/2+i-1, & (i<j) \end{cases} \tag{5-9}$$

设有一对称矩阵 $A(5\times 5)$，如图 5.9(a)所示。这样可将原来需要 25 个存储单元减少到 15 个存储单元。当 n 越大时，压缩比越高。存放结构如图 5.9(b)所示。

用上面的公式可计算得 $A[5][2]$ 元素在 B 数组中的下标位置是：5×(5－1)/2＋2－1＝11，$A[2][5]$ 元素在 B 数组中的下标位置是：5×(5－1)/2＋2－1＝11，由此可验证对

$$A(5\times 5)=\begin{bmatrix} 1 & 2 & 3 & 12 & 0 \\ 2 & 5 & 5 & 31 & 5 \\ 3 & 5 & 11 & 8 & 7 \\ 12 & 31 & 8 & -3 & -9 \\ 0 & 5 & 7 & -9 & 4 \end{bmatrix}$$

(a) 5阶对称矩阵 A

1	2	5	3	5	11	12	31	8	-3	0	5	7	-9	4
1	2	3	4	5			…				12	13	14	15

(b) A 的压缩存储

图 5.9　对称矩阵 A(5×5)的压缩存储示意图

称矩阵中的每一对对称元素,可以只分配一个元素的存储空间,达到压缩存储的目的。

习 题

5-1 设 s=“I AM A STUDENT”,
t=“GOOD”,
q=“WORKER”,
求:STRLEN(s),STRLEN(t),SUBSTR(s,8,7), SUBSTR(t,2,1),INDEX(s,“A”),INDEX(s,t),REPLACT(s,“STUDENT”,q),CONCAT(SUBSTR(s,6,2),CONCAT(t,SUBSTR(s,7,8)))。

5-2 已知下列字串:
a=“THIS”,b=“ ”,c=“GOOD”,d=“NE”,f=“A SAMPLE”,g=“IS”,
s=CONCAT(a,CONCAT(CONCAT(b,SUBSTR(a,3,2)),SUBSTR(f,2,7))),
t=REPLACE(f,SUBSTR(f,3,6),c),
u=CONCAT(SUBSTR(c,3,1),d)
v=CONCAT(s,CONCAT(b,CONCAT(t,CONCAT(b,u)))),
问:s,t,v,STRLEN(s),INDEX(v,g),INDEX(u,g)各是什么?

5-3 已知:s=“(XYZ)+ *”,t=“(X+Z) * Y”,试利用联接、求子串等基本运算,将 s 转化为 t。

5-4 简述下列每对术语的区别:
空串和空格串;串变量和串常量;主串和子串。

5-5 单项选择题。

(1) 数组 A[0..5, 0..6]的每个元素占 5 个单元,将其按列优先次序存储在起始地址为 1000 的连续内存单元中,则元素 a[5][5]的地址________。

A. 1175　　B. 1180　　C. 1205　　D. 1210

(2) 一个 $n\times n$ 的对称矩阵,如果以行或列为主序放入内存,则容量为________。

A. n^2　　B. $n^2/2$　　C. $n(n+1)/2$　　D. $(n+1)^2/2$

(3) 对矩阵的压缩存储是为了________。

A. 方便运算　　B. 节省空间　　C. 方便存储　　D. 提高运算速度

(4) 串是一种特殊的线性表,其特殊性体现在________。

A. 可以顺序存储　　B. 数据元素是一个字符
C. 可以链接存储　　D. 数据元素可以是多个字符

(5) 串的长度是________。

A. 串中不同字母的个数　　B. 串中不同字符的个数
C. 串中所含字符的个数且大于 0　　D. 串中所含字符的个数

5-6 判断以下叙述的正确性:

(1) 用一维数组表示矩阵,可以简化对矩阵的存取操作。

(2) 对角矩阵的特点是非零元素只出现在矩阵的两条对角线上。

(3) 稀疏矩阵的特点的是矩阵中元素较少。

(4) 在表示稀疏矩阵的三元组顺序表中,各元素的排列顺序与矩阵元素值的大小有关。

5-7 设有二维数组 $A_{6\times8}$,每个元素占 6 个字节存储,顺序存放,A 的起地址为 1000,计算:

(1) 数组 A 的体积(即存储量);

(2) 数组的最后一个元素 $a_{5,7}$ 的起地址;

(3) 按行优先存放时,元素 $a_{1,4}$ 的起地址;

(4) 按列优先存放时,元素 $a_{4,7}$ 的起地址。

5-8 已知稀疏矩阵 A,如图 5.10 所示,写出它的三元组表的示意图。

5-9 已知一矩阵 $A(m\times n)$,按行优先原则存放在一维数组 B 中,下标从 1 开始。写一算法,将矩阵转置并按行优先原则存放在一维数组 C 中,下标从 1 开始。

$$A=\begin{bmatrix}0 & 1 & 0 & 0 & -1\\ 4 & 0 & 0 & 0 & 0\\ 0 & 0 & 0 & 7 & 0\\ 0 & 6 & 0 & 0 & 0\\ 8 & 0 & 9 & 0 & 0\\ 0 & 0 & 0 & 0 & 0\end{bmatrix}$$

图 5.10 一个稀疏矩阵 A(6×5)

5-10 编写一程序,在串的顺序定长存储结构上实现子串的定位操作。

5-11 编写一程序,将一个三元组存储的稀疏矩阵转置。转置后稀疏矩阵仍为三元组存储结构。

实 训 题

5-12 有两个串 s_1 和 s_2,设计一算法,求一个这样的串,该串中的字符是 s_1 和 s_2 中的公共字符。

5-13 编写程序,判断两顺序串是否相等。

5-14 两个具有相同行号数和列号数的稀疏矩阵采用三元组表存储结构,三元组表分别为 A 和 B,编写程序,实现两矩阵相加,结果矩阵存放在三元组表 C 中。

第6章 树和二叉树

本章和下一章分别介绍两种重要的非线性结构：树和图。树形结构中结点之间有分支关系，又具有层次关系，它非常类似于自然界中的树。树形结构在现实世界中广泛存在，例如家谱、各单位的行政组织机构等都可用树来表示。树在计算机领域中也有着广泛的应用，DOS 和 Windows 操作系统中对磁盘文件的管理就采用树形目录结构；在数据库中，树结构也是数据的重要组织形式之一。本章重点讨论二叉树的存储结构及其各种操作，并研究树和森林与二叉树的转换关系，最后介绍树的几个应用实例。

6.1 树的定义和基本操作

6.1.1 树的定义

树(tree)是 n ($n \geqslant 0$)个结点的有限集合。当 $n=0$ 时，集合为空集，称为空树。在任意一棵非空树 T 中：①有且仅有一个特定的，称为根(root)的结点。②当 $n > 1$ 时，除根结点以外的其余结点可分成 $m(m>0)$个互不相交的有限集合 $T_1, T_2, \cdots, T_m$。其中每一个集合本身又是一棵树，并称其为根的子树(subtree)。例如，图 6.1(a)是只有一个根结点的树，(b)是有 13 个结点的树，其中 A 是根结点，其余结点分成三个互不相交的子集：

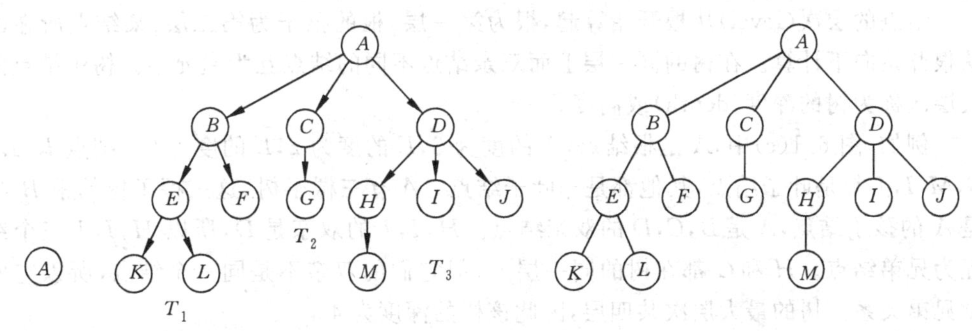

(a) 只有根结点的树　(b) 一般的树　(c) 树的一般表示

图 6.1 树的示例

$T_1=\{B,E,F,K,L\}$,$T_2=\{C,G\}$,$T_3=\{D,H,I,J,M\}$。T_1,T_2,T_3 都是根的子树,它们本身也是一棵树。

树的定义具有递归性,递归定义描述了树的递归特性,即一棵树是由根及若干棵子树构成的,而子树又可由更小的子树构成。

下面给出的几个结构都不是树,因为它们都不满足树的定义。图 6.2(a)不是树,因为这三个结点中出现了两个可称为根的结点,而树只能有一个根结点。图 6.2(b)和(c)的结构也不是树,如果把其中某个结点看成根结点的话,其余的结点构成的子树出现了相交的情况。从图 6.1 和图 6.2 可看出,树有层次关系,也有分支关系,树中无环路存在。

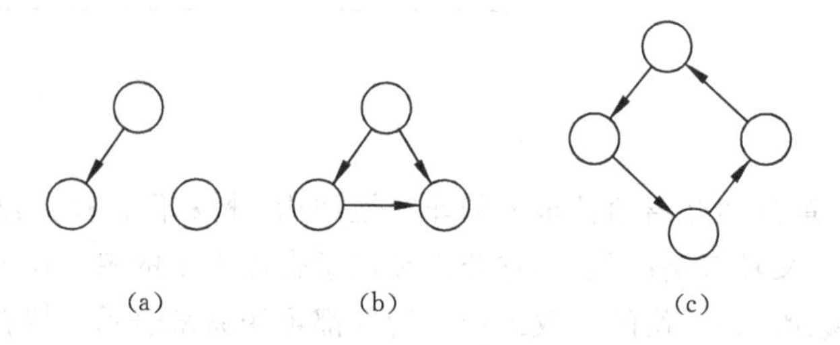

图 6.2 非树结构示例

在树中,只有根结点没有直接前驱,而根结点以外的其余结点均有一个且只有一个直接前驱。基于树的这一特点,我们在画树的示意图时一般都将根结点画在最上面,而结点之间的分支箭头就都省略了,前面图 6.1(b)中的树通常画成图 6.1(c)。

6.1.2 基本术语

树的结点包括一个数据元素及若干指向其子树的分支。结点拥有的子树个数称为结点的度(degree)。树中所有结点的度的最大值为该树的度。度为 0 的结点称为叶子结点(leaf)或终端结点。度不为 0 的结点称为非叶子结点或非终端结点。结点的子树的根称为该结点的孩子结点(child),该结点是其孩子结点的双亲结点(parent)。具有同一双亲结点的孩子结点之间互称为兄弟(sibling)。某结点的祖先是指从根结点到该结点所经分支上的所有结点。以某结点为根的子树中的所有结点都称为该结点的子孙。

结点的层次(level)从根开始算起,根为第一层,根的孩子为第二层,某结点所在的层从根开始向下计算。在树的同一层上而双亲结点不同的结点互为堂兄弟。树中结点的最大层次称为树的深度(depth)或高度。

例如,图 6.1(c)中,A 是根结点,A 的度为 3,E 的度为 2,L 的度为 0。结点 K,L,F,G,M,I,J 都是叶子结点,其他都是非叶子结点。A 有三棵子树,这三棵子树的根 B,C,D 是 A 的孩子结点,A 是 B,C,D 的双亲结点。H,I,J 的双亲是 D,所以 H,I,J 三个结点互为兄弟结点。H 和 G 都在树的同一层上,但它们的双亲不是同一个结点,所以它们是堂兄弟关系。树的最大层次共四层,因此该树的深度为 4。

如果将树中结点的各个子树看成从左至右是有序的(即不能互换),则称该树为有序树,否则称为无序树。当用树来描述家谱时,应将树看成是有序树,有序树中某结点最左边子树的根称为该结点的第一个孩子,最右边子树的根称为最后一个孩子。当用树来描述某单位的行政组织结构时，可将树看成是无序树。

森林(forest)是 $m(m\geqslant 0)$ 棵互不相交的树的集合，树和森林的概念很密切，删去一棵树的根，就得到一个森林。图 6.3 就是一个森林的例图。

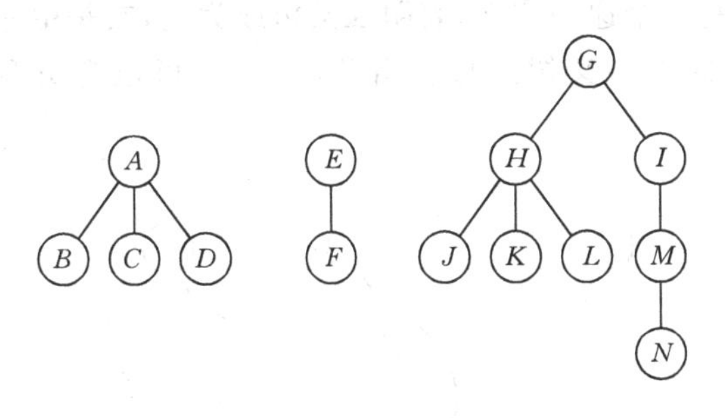

图 6.3 森林示例

树结构的逻辑特征可用树中结点之间的父子关系来描述：树中任一结点可以有零个或多个后继(孩子)结点，但只能有一个前驱(即双亲)结点(根结点除外)。树中只有根结点无前驱结点，所有的叶子结点都无后继结点。显然父子关系是非线性的，由此看到树结构是非线性结构。

6.1.3 树的基本操作

(1) TREEEMPTY(T)　判树空。若 T 为空树，返回 TRUE，否则返回 FALSE。

(2) ROOT(T)　求根。返回树 T 的根结点地址。若 T 为空树，返回一特殊值。

(3) TREEDEPTH(T)　求树的深度。返回树 T 的深度。

(4) VALUE(T,e)　求结点。e 是树 T 中的结点，函数返回 e 结点地址。

(5) PARENT(T,e)　求结点的双亲。e 是树 T 中的结点，当 e 是非根结点时，函数返回 e 结点的双亲结点地址。

(6) CHILD(T,e,i)　求结点的孩子。e 是树 T 中的结点，函数返回 e 结点的第 i 个孩子结点的地址。

(7) CREATE_TREE($T,T_1,T_2,\cdots,T_k$)　建树操作。当 $k\geqslant 1$，建立一棵以 T 为根，以 T_1, T_2, …, T_k 为第 1, 2, …, k 棵子树的树。

6.2 二叉树

二叉树是树的一个重要类型，许多实际问题抽象出来的数据结构往往是二叉树的形式，一般的树也可转换为二叉树，而且二叉树的存储结构及其操作都较为简单，因此二叉树显得特别重要。

6.2.1 二叉树的定义和基本操作

二叉树(binary tree)是 $n(n\geqslant 0)$ 个结点的有限集合，$n=0$ 时为空集，称为空二叉树；$n\neq 0$ 时，二叉树由一个根结点及两棵互不相交、分别称为左子树和右子树的二叉树组成。

二叉树和树在概念上相同的是都有一个且仅有一个根结点，根结点无前驱结点，叶子结点无后继结点。不相同的是二叉树中每个结点的度小于等于 2，而且二叉树的子树有左右子树之分。

二叉树的定义也是一个递归定义，表明二叉树或为空，或是由一个根结点加上两棵分别称为左子树和右子树的二叉树组成。由此，二叉树可以有五种基本形态，如图 6.4 所示。

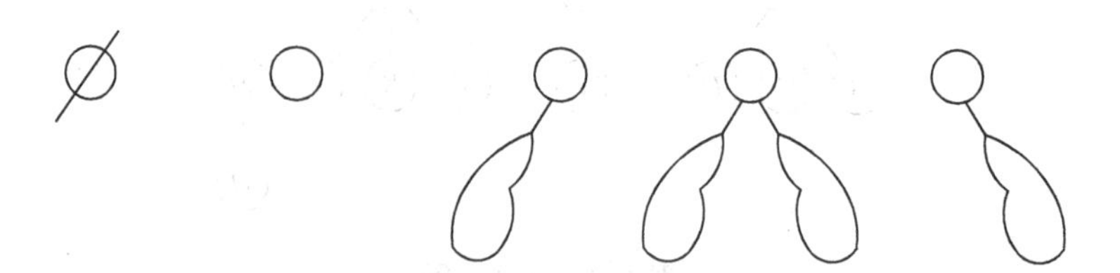

(a) 空二叉树　(b) 仅有根结点的二叉树　(c) 右子树为空的二叉树　(d) 左、右子树均非空的二叉树　(e) 左子树为空的二叉树

图 6.4　二叉树的五种基本形态

前面讨论的有关树的术语也都适用于二叉树。

二叉树的基本操作和树的基本操作大致相同，主要的基本操作如下：

(1) TREEEMPTY(BT)　判二叉树空。若 *BT* 为空树，返回 TRUE，否则，返回 FALSE。

(2) ROOT(BT)　求根。返回二叉树 *BT* 的根结点地址。若 *BT* 为空树，返回一特殊值。

(3) TREEDEPTH(BT)　求二叉树的深度。返回二叉树 *BT* 的深度。

(4) VALUE(BT,e)　求结点。*e* 是二叉树 *BT* 中的结点，函数返回 *e* 结点地址。

(5) PARENT(BT,e)　求结点的双亲。*e* 是二叉树 *BT* 中的结点，当 *e* 是非根结点时，函数返回 *e* 结点的双亲结点地址。

(6) LCHILD(BT,e)　求结点的左孩子。*e* 是二叉树 *BT* 中的结点，函数返回 *e* 结点的左孩子结点的地址。

(7) RCHILD(BT,e)　求结点的右孩子。*e* 是二叉树 *BT* 中的结点，函数返回 *e* 结点的右孩子结点的地址。

(8) CREATE_BT(BT, LBT, RBT)　建二叉树操作。建立一棵以 *BT* 为根，以二叉树 *LBT*、*RBT* 分别为 *BT* 的左、右子树的二叉树。

6.2.2　二叉树的性质

性质 1　二叉树第 i 层上的结点数目至多为 $2^{i-1}(i\geqslant 1)$。

例如，一棵二叉树第 4 层上的结点数至多是 $2^{4-1}=2^3=8$ 个。可用数学归纳法证明此性质：

$i=1$ 时，只有一个根结点。显然 $2^{i-1}=2^0=1$，命题成立。

假设对所有的 $j(1\leqslant j<i)$，命题成立，即第 j 层上至多有 2^{j-1} 个结点。可以证明 $j=i$

时，命题也成立。

根据归纳假设，第 $i-1$ 层上至多有 2^{i-2} 个结点，由于二叉树的每一个结点的度最大为 2，故在第 i 层上的结点数，至多是第 $i-1$ 层上最大结点数的 2 倍，即 $2\times 2^{i-2}=2^{i-1}$。

性质 2 深度为 k 的二叉树至多有 2^k-1 个结点($k\geqslant 1$)。

利用性质 1 可得，深度为 k 的二叉树的结点数至多为

$$\sum_{i=1}^{k}(\text{第 } i \text{ 层上的最大结点数}) = \sum_{i=1}^{k} 2^{i-1} = 2^k - 1$$

性质 3 在任何一棵二叉树中，如果其终端结点数为 n_0，度为 2 的结点数为 n_2，则

$$n_0 = n_2 + 1$$

证明 设 n_1 为二叉树中度为 1 的结点数，n 为二叉树中总的结点数，则

$$n = n_0 + n_1 + n_2 \tag{6-1}$$

设 B 为二叉树中的分支数目，从入支角度看，即前驱结点的角度看，二叉树中除了根结点外的其余结点都有一个且仅有一个前驱结点，即占有一个分支，则

$$B = n - 1 \tag{6-2}$$

从出支角度看，即后继结点的角度看，度为 0 的结点无后继结点，即不占分支，度为 1 的结点有一个后继结点，即占有一个分支，度为 2 的结点有两个后继结点，即占有两个分支，所以

$$B = n_0 \times 0 + n_1 \times 1 + n_2 \times 2 = n_1 + 2n_2 \tag{6-3}$$

由式(6-2)和(6-3)得

$$n = n_1 + 2n_2 + 1 \tag{6-4}$$

由式(6-1)和(6-4)得

$$n_0 = n_2 + 1$$

为了介绍二叉树的性质 4、性质 5、性质 6，首先介绍两种特殊形态的二叉树：完全二叉树(comlpete binary tree)和满二叉树(full binary tree)。

一棵深度为 k 且有 2^k-1 个结点的二叉树称为满二叉树，图 6.5(a)是一棵深度为 4 的满二叉树。满二叉树中每一层上的结点数都达到最大值。满二叉树中不存在度为 1 的结点，每一个结点均有两棵高度相同的子树，叶子结点都在最下面的同一层上。

若在一棵深度为 $k(k>1)$ 的二叉树中，第 1 层到第 $k-1$ 层构成一棵深度为 $k-1$ 的满二叉树，第 k 层的结点不满 2^{k-1} 个结点，而这些结点都满放在该层最左边，则此二叉树称为完全二叉树。图 6.5(b)是一棵完全二叉树。图 6.5(c)和图 6.5(d)不是完全二叉树。完全二叉树中的叶子结点只可能出现在二叉树中层次最大的两层上。最下一层的结点一定是从最左边开始向右满放的。且若某个结点没有左孩子，则它一定没有右孩子。

满二叉树是完全二叉树，而完全二叉树不一定是满二叉树。

性质 4 具有 n 个结点的完全二叉树的深度为 $\lfloor \log_2 n \rfloor + 1$。

证明 设所求完全二叉树的深度为 k，则它的前 $k-1$ 层可视为深度为 $k-1$ 的满二叉树，共有 $2^{k-1}-1$ 个结点，所以该完全二叉树的总结点数 n 一定满足下列式子：

$$n > 2^{k-1} - 1 \tag{6-5}$$

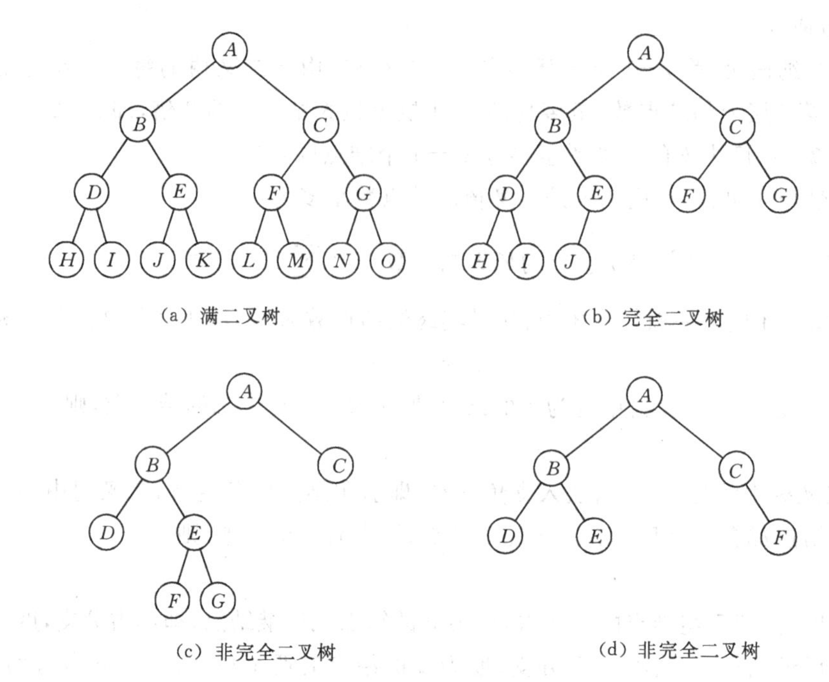

图 6.5　特殊形态的二叉树

根据性质 2,可确定

$$n \leqslant 2^k - 1 \tag{6-6}$$

由式(6-5)和(6-6)得

$$2^{k-1} - 1 < n \leqslant 2^k - 1 \qquad 2^{k-1} \leqslant n < 2^k$$

于是

$$k - 1 \leqslant \log_2 n < k \tag{6-7}$$

因为 k 是整数,所以 $k-1=\lfloor \log_2 n \rfloor$, $k=\lfloor \log_2 n \rfloor+1$

性质 5　对一棵有 n 个结点的完全二叉树的结点按层自左向右编号,则对任一编号为 $i(1\leqslant i\leqslant n)$ 的结点有下列性质:

(1) 若 $i=1$,则结点 i 是二叉树的根,若 $i>1$,则结点 i 的双亲结点是 $\lfloor i/2 \rfloor$;

(2) 若 $2i\leqslant n$,则结点 i 有左孩子,左孩子的编号是 $2i$,否则结点 i 无左孩子,并且是叶子结点;

(3) 若 $2i+1\leqslant n$,则结点 i 有右孩子,右孩子的编号是 $2i+1$,否则结点 i 无右孩子。

这个性质是一般二叉树顺序存储的重要基础。

性质 6　对一棵有 n 个结点的完全二叉树的结点按层自左向右编号,从编号为 1 的根结点开始到编号为 $\lfloor n/2 \rfloor$ 的结点为止,都是有孩子结点的非叶子结点,余后的结点均是叶子结点。$\lfloor n/2 \rfloor$ 编号的结点可能只有左孩子结点,可能是既有左孩子结点又有右孩子结点。

对性质 5 和性质 6,读者可在任何一棵完全二叉树上获得验证。

6.2.3 二叉树的存储结构

1. 顺序存储结构

顺序存储就是用一组地址连续的存储单元来存放一棵二叉树的结点。显然，必须要按规定的次序来存放，这种次序应能反映结点之间的逻辑关系（父子关系），否则二叉树上的基本操作在顺序存储结构上难以实现。

若对任意一棵完全二叉树上的结点按层自左向右一一存入向量中，根据上述性质5可知，完全二叉树中结点之间的逻辑关系清楚地通过结点在向量中的序号位置准确地反映出来。图6.6(a)就是一棵完全二叉树的顺序存储结构示意图。

对于一般二叉树只能将其“转化”为完全二叉树后，按照完全二叉树的顺序存储方式将结点存入向量中。转化的方法是在非完全二叉树的“残缺”位置上增设“虚结点”。如图6.6(b)所示是一棵一般二叉树，只有将它“完全化”以后将结点顺序存入向量中才能通过结点的序号位置来确定结点之间的逻辑关系。图中“∧”表示不存在此结点，上述方法解决了一般二叉树的顺序存储问题，但这种存储方法有时会造成存储空间的浪费。最坏的情况下，一个深度为 k 的且只有 k 个结点的右单支二叉树却需要 2^k-1 个结点的存储空间，如图6.6(c)所示。

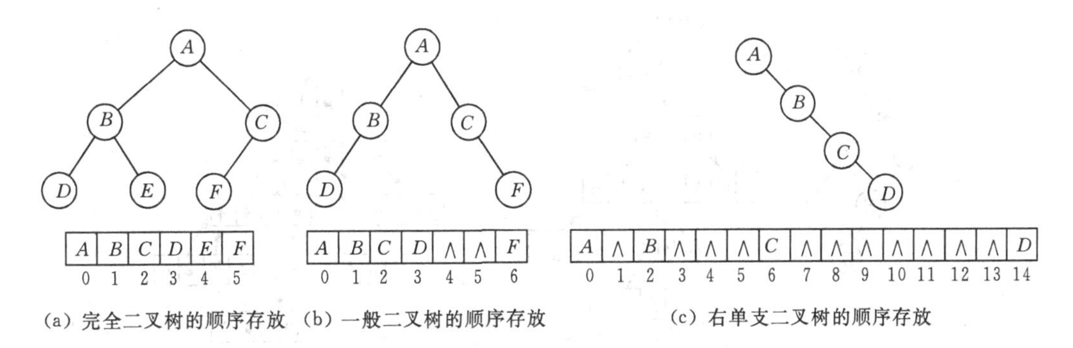

(a) 完全二叉树的顺序存放　(b) 一般二叉树的顺序存放　(c) 右单支二叉树的顺序存放

图6.6 二叉树的顺序存放结构

二叉树的顺序存储结构表示如下：

```
#define DATATYPE2 char
#define MAXSIZE 100

typedef struct
{ DATATYPE2 bt[MAXSIZE];
  int btnum;
}BTSEQ;
```

2. 链式存储结构

二叉树的链式存储结构主要是设计结点结构。由二叉树的定义得知，二叉树的结点由一个数据元素和分别指向其左、右子树的两个指针构成。因此链式存储二叉树的结点结构如图 6.7(a)所示。结点包括三个域：数据域和左、右指针域。结点的类型说明如下：

```
#define DATATYPE2 char

typedef struct node1
{ DATATYPE2 data;
  struct node1 *lchild, *rchild;
}BTCHINALR;
```

在一棵二叉树中，所有结点的类型都为 BTCHINALR，头指针 root 指向根结点，这就构成了二叉树的存储结构。我们把这种存储结构称为二叉链表。一个二叉链表由头指针唯一确定。

当 root=NULL 时，二叉树为空。具有 n 个结点的二叉树中，共有 $2n$ 个指针域，其中 $n-1$ 个指针域用来指示结点的左、右孩子，其余的 $n+1$ 个指针域为空。图 6.7(b)是一棵二叉树的二叉链表存储结构的示意图。

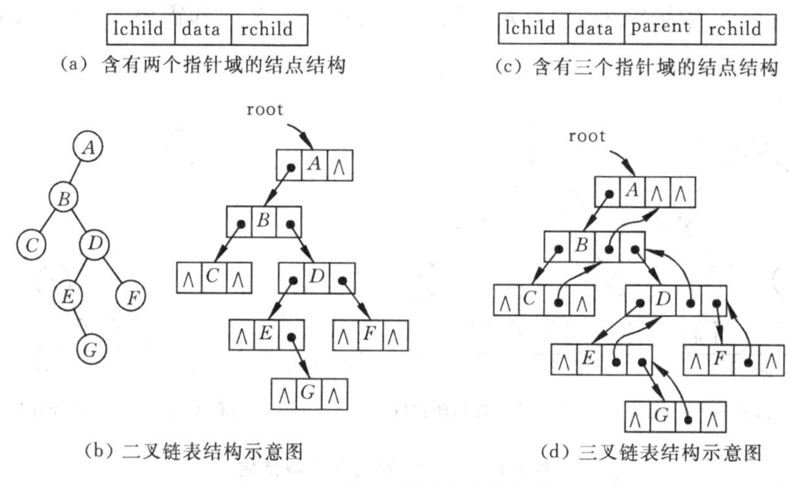

(a) 含有两个指针域的结点结构　(c) 含有三个指针域的结点结构

(b) 二叉链表结构示意图　(d) 三叉链表结构示意图

图 6.7　二叉树的链式存储结构

有时为了便于找到结点的双亲，结点结构中增加一个指向其双亲结点的指针域，对应的结点类型说明如下：

```
#define DATATYPE2 char

typedef struct node2
{ DATATYPE2 data;
  struct node2 *lchild, *rchild, *parent;
}BTCHINALRP;
```

图 6.7(c)和图 6.7(d)是带双亲指针域的二叉树的结点结构和二叉树的三叉链表存储结构示意图。

6.2.4 遍历二叉树

在二叉树的很多应用中,常常要求在树中查找某些指定的结点或对树中全部结点逐一进行某种操作,这就需要依次访问二叉树中的结点,即遍历二叉树(traversing binary tree)的问题。遍历二叉树是指按某种规律周游二叉树,对树中的每个结点访问一次且仅访问一次。在访问每一个结点时可对结点作各种操作,如输出结点的信息、对结点计数等。对二叉树的遍历过程是将非线性结构的二叉树中的结点排列在一个线性序列上的过程。遍历一个线性表中的结点是个十分容易的操作,而对二叉树则不然,由于二叉树是非线性结构,因此确定遍历的规律是决定遍历算法的主要问题。

二叉树的定义是递归的,一棵非空的二叉树是由根结点、左子树、右子树这三个基本部分组成,因此若能依次遍历这三部分,便是遍历了整个二叉树,假如以 L,D,R 分别表示左子树、根结点和右子树,则可有 DLR,LDR,LRD,DRL,RDL,RLD 六种遍历的方法。再限定先左子树后右子树,则将前三种方案称之为先序遍历、中序遍历和后序遍历。遍历左、右子树的规律和遍历整个二叉树的规律相同,因而上述三种遍历都具有递归性。

1. 先序遍历二叉树

若二叉树非空,则依次进行如下操作:

(1) 访问根结点;

(2) 先序遍历左子树;

(3) 先序遍历右子树。

其递归算法如下:

```
void preorder(BTCHINALR * bt)
{
   if(bt != NULL)
   {    printf("%c",bt->data);
        preorder(bt->lchild);
        preorder(bt->rchild);}
}
```

2. 中序遍历二叉树

若二叉树非空,则依次进行如下操作:

(1) 中序遍历左子树;

(2) 访问根结点;

(3) 中序遍历右子树。

其递归算法如下:

```
void inorder(BTCHINALR *bt)
{
```

```
    if(bt != NULL)
    {    inorder(bt->lchild);
         printf("%c ",bt->data);
         inorder(bt->rchild); }
}
```

3. 后序遍历二叉树

若二叉树非空，则依次进行如下操作：

(1) 后序遍历左子树；

(2) 后序遍历右子树；

(3) 访问根结点。

其递归算法如下：

```
void postorder(BTCHINALR * bt)
{
    if(bt != NULL)
    {    postorder(bt->lchild);
         postorder(bt->rchild);
         printf("%c ",bt->data);}
}
```

对同一棵二叉树，用上述三种不同的遍历规律所得到的结果都是线性序列，有且仅有一个开始结点和一个终端结点。但三个线性序列并不相同，因此必须指明序列的遍历规则。图6.8是二叉树 BT 的三种遍历的序列。

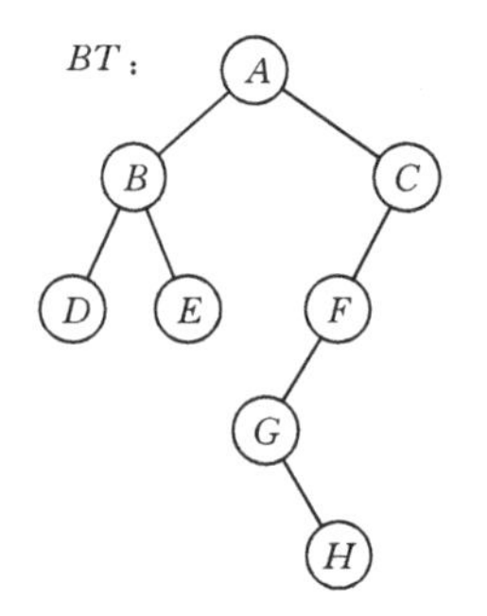

先序遍历序列：$ABDECFGH$
中序遍历序列：$DBEAGHFC$
后序遍历序列：$DEBHGFCA$

图6.8 二叉树 *BT* 的三种遍历序列

下面给出构造一棵以二叉链表为存储结构的二叉树算法。对于任意一棵二叉树，先按完全二叉树对其进行编号，图6.8的二叉树按完全二叉树对其进行编号，其结果如图6.9(a)所示。因为此树实际上不是完全二叉树，所以编号并不连续，将编号和对应的结点值列表如图6.9(b)所示。算法依次读入每一个结点的编号 i 和数据 x，生成一个新结点 q，并将此结点挂在二叉树中对应的位置上，依据就是二叉树的性质5。算法中使用了一个辅助指针数组 s，&s[i]中放的是对应编号为 i 的新结点 q 的地址。算法如下：

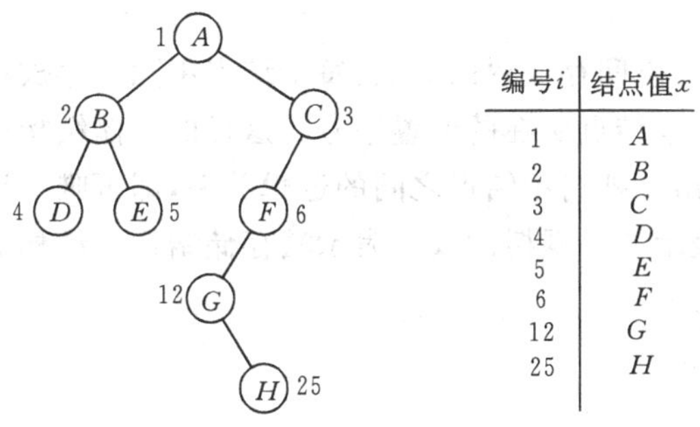

编号 i	结点值 x
1	A
2	B
3	C
4	D
5	E
6	F
12	G
25	H

(a) 二叉树 BT 的结点编号　　(b) 二叉树 BT 的序列表

图 6.9　构造一棵二叉树的算法示例

```
BTCHINALR  * createbt(BTCHINALR  * bt)
{
    BTCHINALR  * q;
    struct node1  * s[30];
    int j,i;
    char x;
    printf("i,x = "); scanf("%d,%c",&i,&x);
    while(i != 0 && x != '$')
      { q = (BTCHINALR *)malloc(sizeof(BTCHINALR));   // 生成一个结点
        q->data = x;
        q->lchild = NULL; q->rchild = NULL;
        s[i] = q;
        if(i != 1)
          {j = i / 2;                                 // j 为 i 的双亲结点
           if(i % 2 == 0)
              s[j]->lchild = q;                       // i 为 j 的左孩子
           else
              s[j]->rchild = q;                       // i 为 j 的右孩子
          }
    printf("i,x = "); scanf("%d,%c",&i,&x); }
return s[1]
}
```

读者不妨按上面建立二叉树的算法和遍历的算法通过上机验证结果。

和二叉树遍历有关的算法及操作很多，如二叉树中序非递归算法、二叉树先序非递归算法、求二叉树叶子结点个数等，我们将在后面的应用举例中一一介绍。

6.3　树和森林

6.3.1　树的存储结构

在大量的应用中，可使用多种形式的存储结构来表示树。下面介绍三种常用的表示方法。

1. 双亲表示法

设以一组地址连续的空间存放树的结点，每个结点中除了存放结点的信息外，增设一个整型指针域，指示其双亲结点所在的位置序号。这样的存储结构称之为静态链表结构。这样的静态链表可反映出一棵树中结点之间的逻辑关系，即可唯一地表示一棵树，称之为双亲表示法。图 6.10 表示了一棵树的双亲表示法存储结构。结构类型说明如下：

```
#define DATATYPE2 char
#define MAXSIZE 100

typedef struct
{  DATATYPE2 data;
   int parent;
}PTNODE;

typedef struct
{  PTNODE nodes[MAXSIZE];
   int nodenum;
}PTTREE;
```

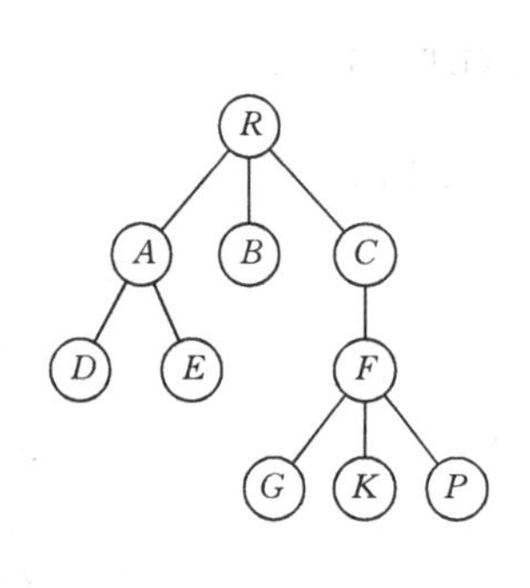

	data	parent
0	R	−1
1	A	0
2	B	0
3	C	0
4	D	1
5	E	1
6	F	3
7	G	6
8	K	6
9	P	6

图 6.10　树的双亲表示法

这种存储结构利用了树中除根结点以外的每一个结点都有且只有一个双亲结点的特点。在这种存储结构上，求某结点的双亲结点操作很方便，计算每个结点的双亲结点所花时间相同，可在常量级时间内实现。求树的根结点也简单，当 parent＝−1 时，即找到了唯一的无双亲的根结点。但是求某结点的孩子时需要遍历整个结构，例如求树中结点 A 的孩子，须将结点 A 在表中的序号 1 在整个结构中扫描一遍。parent＝1 的结点 D 和 E 就是结点 A 的孩子。

2. 孩子表示法

树中每个结点的孩子个数没有限制，如果要在一个结点内反映出其孩子结点的个数和孩子结点的地址，则会使树中每个结点的指针域的个数都不一样，结点长度各不相同。这样的结点结构会使树上的各种操作的算法复杂到无法实现。若设计成每个结点的长度相等，即以树的度 k 来设计结点的结构，每个结点含有 k 个指针域，这样虽然结点的长度是定长了，但在 n 个结点的树中，总的指针域有 kn 个，真正用到的指针域是 $n-1$ 个，空指针域的数目是 $kn-(n-1)=n(k-1)+1$，这样造成很大的空间浪费，而且树中的度无法扩张。

孩子表示法是把每个结点的孩子结点链接形成单链表，n 个结点有 n 个孩子链表(叶子结点的孩子链表为空)。n 个结点的信息和指向孩子链表的指针作为表头结点组成一个表头向量，采用顺序存储结构。如图 6.11(a)所示。在表头向量中，每个结点的数据域 data 存放树中结点的信息，指针域 headptr 存放该结点孩子链表的首地址。在单链表中，每个孩子结点的孩子域 child 存放孩子结点在顺序表中的位置序号，指针域 next 指向其他孩子结点。孩子链表表示法的存储结构类型说明如下：

```
#define DATATYPE2 char
#define MAXSIZE 100

typedef struct cnode
{ int child;
  struct cnode *next;
}CHILDLINK;                    // 单链表中孩子结点结构

typedef struct
{    DATATYPE2 data;
     CHILDLINK *headptr;
}CTNODE;                       // 表头向量中结点结构

typedef struct
{CTNODE nodes[MAXSIZE]         // 表头向量
 int nodenum, rootset;         // 树中结点个数和根结点所在位置序号
}CTTREE;
```

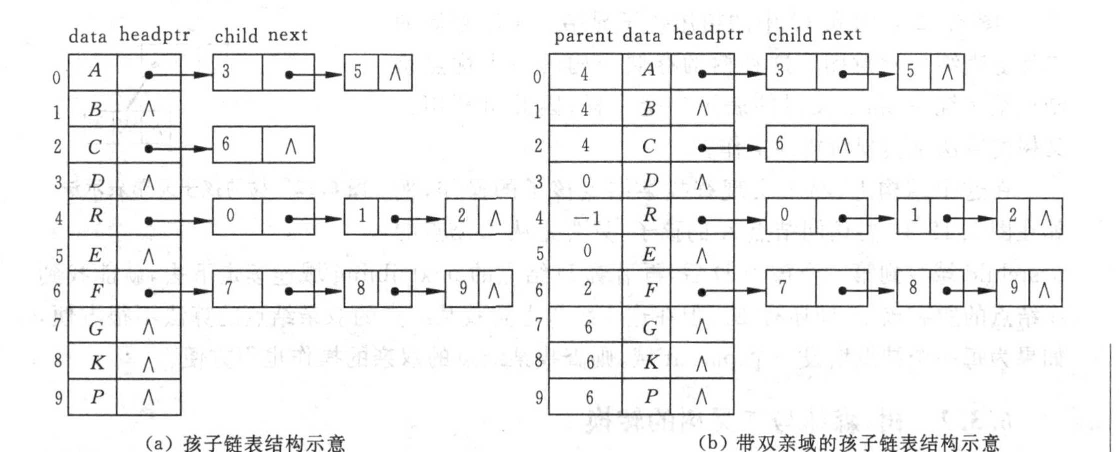

(a) 孩子链表结构示意　　(b) 带双亲域的孩子链表结构示意

图 6.11 树的孩子表示法

与双亲表示法相反，孩子表示法便于查找树中某结点的孩子，由表中某结点的指针域

headptr 即可得到该结点的孩子结点。而查找某结点的双亲需按该结点在顺序表中的位置序号在每个孩子链表中扫描，当在孩子域中找到相同的序号时，则单链表表头的结点就是要找的双亲。例如，要找 F 结点的双亲结点，F 结点在线性表中的位置序号为 6，则在孩子链表中查询 child=6 的孩子结点，当找到时，该单链表的表头结点 C 就是 F 的双亲结点。

可以把双亲表示法和孩子表示法结合起来，这样的存储结构便于查找树中结点的双亲和孩子。图 6.11(b)就是这种存储结构的示意图。

3. 孩子兄弟表示法

孩子兄弟表示法又称二叉树表示法，即以二叉链表作为树的存储结构。链表中每个结点的结构相同，都有三个域：数据域存放树中结点的信息，孩子域存放该结点的第一个孩子结点(从左算起)的地址，兄弟域存放该结点的下一个兄弟结点(从左向右)的地址。结点结构示意图：

firstchild	data	nextsibling

孩子兄弟表示法中二叉链表结构类型说明如下：

```
typedef struct csnode
{  DATATYPE2 data;
   struct csnode *firstchild, *nextsibling;
}CSNODE;
```

孩子兄弟链表结构形式和二叉树链表结构形式完全相同，但结点中指针域的含义不同。二叉树链表中结点的左、右指针分别指向左、右子树的根结点，而孩子兄弟链表中结点的两个指针分别指向“第一个孩子”和“下一个兄弟”。图 6.12 是图 6.10 中的树用孩子兄弟表示法存储的二叉链表结构示意图。这种树的存储结构的最大优点是结点结构统一，和二叉树的表示完全一样，因此可利用二叉树的算法来实现对树的操作。

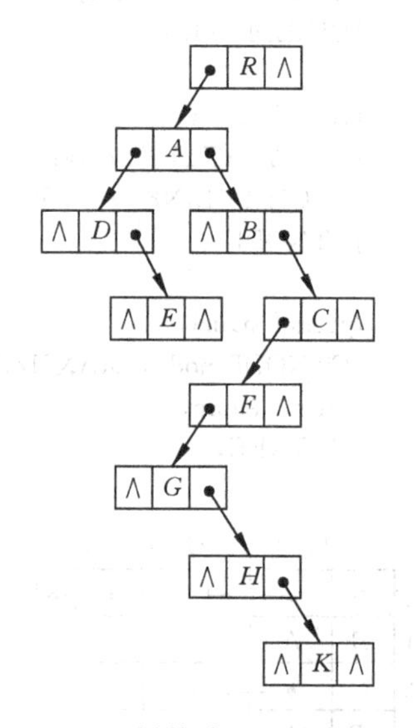

图 6.12　树的孩子兄弟表示法

在这个结构上，易于实现查找某结点孩子的操作，例如在图 6.12 中，要访问结点 A 的孩子，只要先从 A 结点的 firstchild 域找到第一个孩子 D 后，再沿着 D 结点的 nextsibling 域连续走下去，就能找到 A 结点的所有孩子，即还有 E。但在这个结构上查找某结点的双亲结点的算法不很方便，如果为每一个结点增设一个 parent 域，则查找某结点的双亲的操作也很方便。

6.3.2　树、森林与二叉树的转换

从树的第三种存储方法可看到，树可以用二叉链表作为存储结构。这样，任何一棵树都可以找到唯一的一棵二叉树与之对应。从物理结构看，它们的二叉链表是相同的，只是解释不同。图 6.13 直观地展示了树和二叉树之间的对应关系。

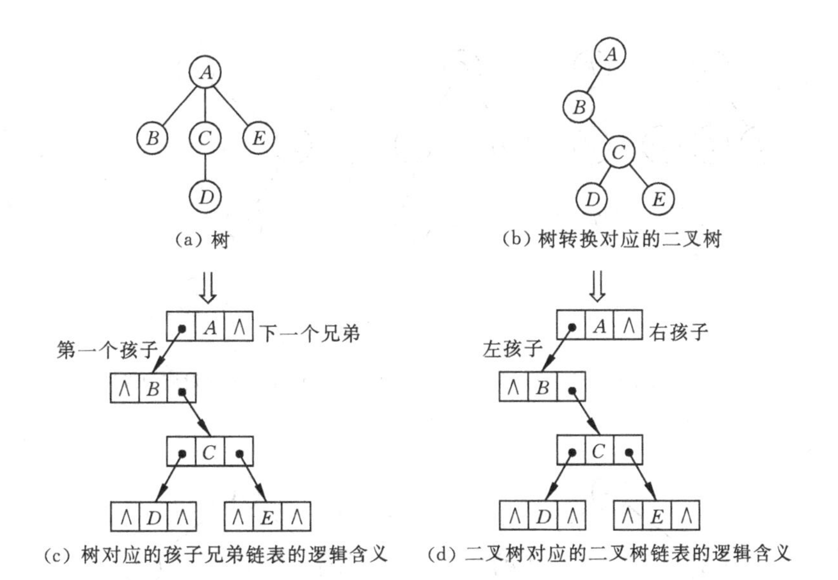

图 6.13 树和二叉树的对应关系

由于树的根结点是唯一的，没有兄弟结点，因此任何一棵树所对应的二叉树的右子树必空。若把森林中第二棵树的根结点看成是第一棵树的根结点的兄弟，则可得到森林转换成二叉树的规则。

树是森林的特殊情况，将森林作为一般情况考虑，下面给出森林(包括树)与二叉树相互转换的算法。下述两个转换算法都是递归算法。

1. 森林转换成二叉树

如果 $F=\{T_1,T_2,\cdots,T_m\}$ 是森林，按如下规则可转换成一棵二叉树 $B=(\text{root},LB,RB)$。

对于森林 F 中的每一棵树 T_i，树根结点下的若干棵子树可看成是树根结点下的子树森林；对于二叉树 B，根结点下的左右子树 LB,RB 仍是一棵二叉树。

(1) 若 F 为空，则 B 为空；

(2) 若 F 非空，则森林中第一棵树 T_1 的根结点为二叉树 B 的根结点，B 的左子树 LB 由树 T_1 根结点下的子树森林转换而成。右子树 RB 是由森林 F 中除树 T_1 外余下部分转换而成。

图 6.14 给出了森林转换成二叉树的示意过程。

2. 二叉树转换成森林

如果 $B=(\text{root},LB,RB)$ 是一棵二叉树，按如下规则转换成森林 $F=\{T_1,T_2,\cdots,T_m\}$。

(1) 若 B 为空，则 F 为空；

(2) 若 B 非空，则二叉树 B 的根 root 为森林 F 中第一棵树 T_1 的根，树 T_1 的根结点的子树森林是由 B 的左子树 LB 转换而成，F 中其余的树由 B 的右子树 RB 转换而成。

图 6.15 给出了二叉树转换成森林的示意过程。

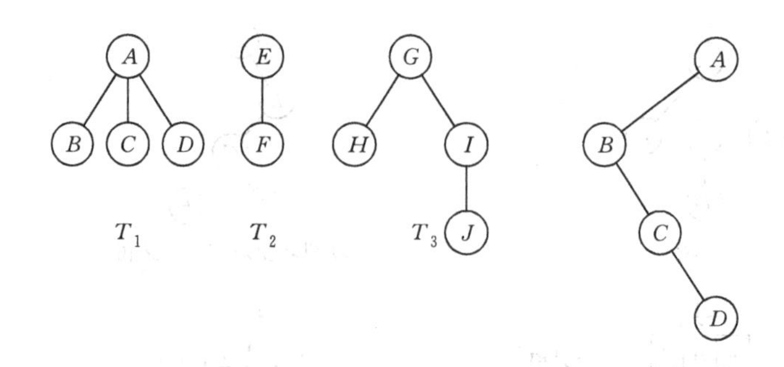

(a) 森林$F=\{T_1,T_2,T_3\}$　　(b) $\{T_1\}$转换对应的二叉树

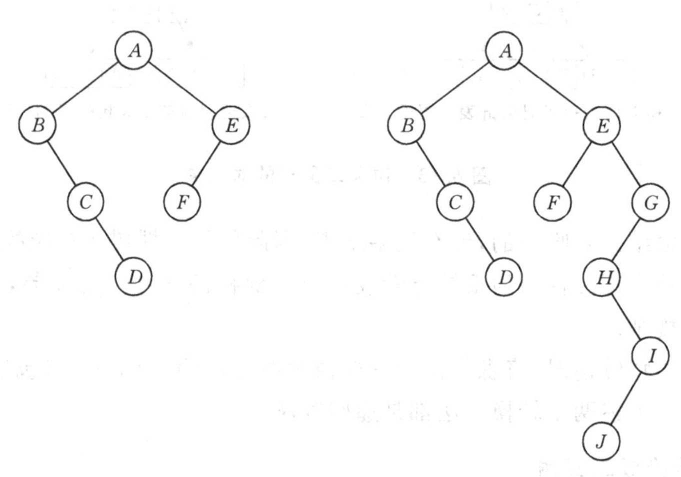

(c) $\{T_1,T_2\}$转换对应的二叉树　　(d) 森林F转换对应的二叉树

图 6.14　森林(树)转换到二叉树的过程示例

6.3.3　树和森林的遍历

与二叉树的遍历一样，对树和森林中结点的遍历也是一种重要的操作。由于森林中的树可以有两棵以上，因此不便讨论它们的中序遍历，下面给出常用的、实现起来也很方便的森林(包括树)的三种遍历方法。

1. 先序遍历

若森林非空，则

(1) 访问森林中第一棵树的根结点；

(2) 先序遍历第一棵树根结点的各子树森林；

(3) 先序遍历森林中除第一棵树外剩余的树构成的森林。

2. 后序遍历

若森林非空，则

(1) 后序遍历第一棵树的根结点的各子树森林；

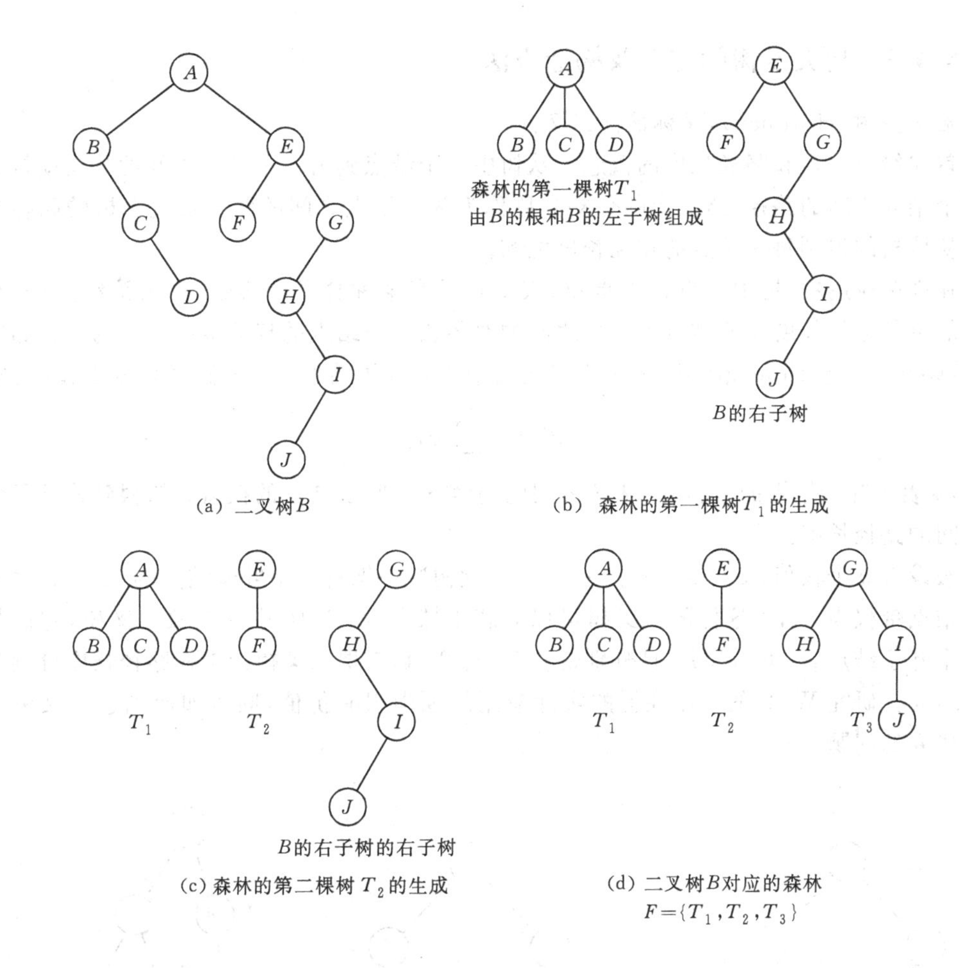

(a) 二叉树B

(b) 森林的第一棵树T_1的生成

(c) 森林的第二棵树 T_2的生成

(d) 二叉树B对应的森林 $F=\{T_1,T_2,T_3\}$

图 6.15 二叉树转换成森林的过程示例

(2) 访问森林中第一棵树的根结点；

(3) 后序遍历森林中除第一棵树外剩余的树构成的森林。

3. 按层次遍历

若森林非空，则

(1) 对第一棵树从根结点起按层从左到右依次访问各结点；

(2) 按层访问森林中除第一棵树外剩余的树构成的森林。

对图 6.10 所示的树来说，先序遍历序列结果是 RADEBCFGKP；后序遍历序列结果是 DEABGKPFCR；按层次遍历序列结果是 RABCDEFGKP。

6.4 哈夫曼树和判定树

树结构的应用极其广泛，哈夫曼树和判定树只是其中的两种应用方式，下面分别介绍。

6.4.1 哈夫曼树的定义及构造方法

哈夫曼树(Huffman),又称最优二叉树。

首先给出路径和路径长度的概念。从树中一个结点到另一个结点之间的分支就构成这两个结点之间的路径,路径上的分支数目称为两个结点之间的路径长度。树的路径长度是从该树的根到每一结点的路径长度之和。

在许多应用中,树中结点常常带权,权值是具有某种含义的实数,称为该结点的权。结点的带权路径长度是该结点到树根之间的路径长度与结点的权的乘积。树的带权路径长度(weighted path length of tree)定义为树中所有叶子结点的带权路径长度之和,记为

$$\mathrm{WPL} = \sum_{i=1}^{n} w_i l_i$$

其中,n 表示叶子结点的数目;w_i 和 l_i 分别表示第 i 个叶子结点的权值和树根到该叶子结点之间的路径长度。

假设有 n 个权值(w_1, w_2, w_3, …, w_n),欲构造一棵有 n 个叶子结点的二叉树,每个叶子结点带权为 w_i,则这样的二叉树可以有若干棵,如图 6.16 中的三棵二叉树,它们都有 4 个叶子结点 A, B, C, D,且分别带权 7, 5, 2, 4,三棵二叉树的带权路径长度分别为 36,46,35。研究 WPL 的大小在树的实际应用问题中很有价值,同时如何构造二叉树也成为研究的问题。

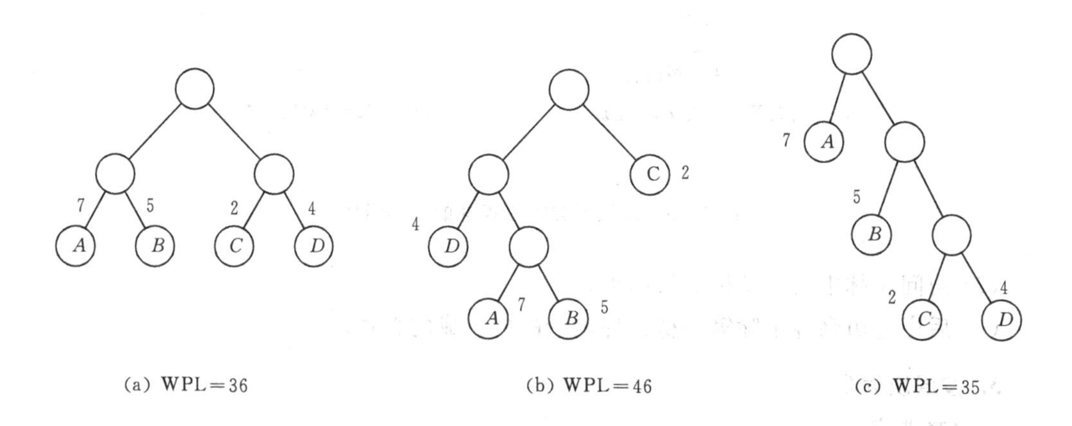

图 6.16 具有不同带权路径长度的二叉树

下面给出哈夫曼树的定义:假设有 n 个权值{w_1, w_2, …, w_n},在以这些权值为叶子结点权值所构造的所有二叉树中,带权路径长度 WPL 最小的二叉树称为哈夫曼树又称为最优二叉树。

构造最优二叉树的算法称之为哈夫曼算法,描述如下:

(1) 根据给出的 n 个权值{w_1,w_2,…,w_n},构成 n 棵二叉树的集合 F={T_1,T_2,…,T_n},其中每棵二叉树 T_i 中只有一个带权为 w_i 的根结点,其左右子树均空;

(2) 在 F 中选取两棵根结点的权值最小的二叉树作为左右子树构成一棵新的二叉树,且置新的二叉树的根结点的权值为左、右子树根结点的权值之和;

(3) 在 F 中删除上面选中的那两棵二叉树,同时将新得到的二叉树加入 F 中;

(4) 重复(2)、(3),直到 F 中只含有一棵二叉树为止。

这棵二叉树便是哈夫曼树。图 6.17 展示了按照权值{1,2,3,2,2}构造出哈夫曼树的过程。哈夫曼算法中要说明的是:

(1) 在选取两棵根结点权值最小的二叉树时,出现权值相同的情况时,可以在相同权值的二叉树中任选一棵;

(2) 两棵根结点最小的二叉树组成新的二叉树的左右子树时,谁左谁右没有规定;

(3) 哈夫曼树中,权值越大的叶子结点离根越近,这也是 WPL 最小的实际根据和哈夫曼树的应用依据;

(4) 哈夫曼树中没有度为 1 的结点,根据二叉树性质 $n_0=n_2+1$,可推得 n 个叶子结点的哈夫曼树共有 $2n-1$ 个结点。

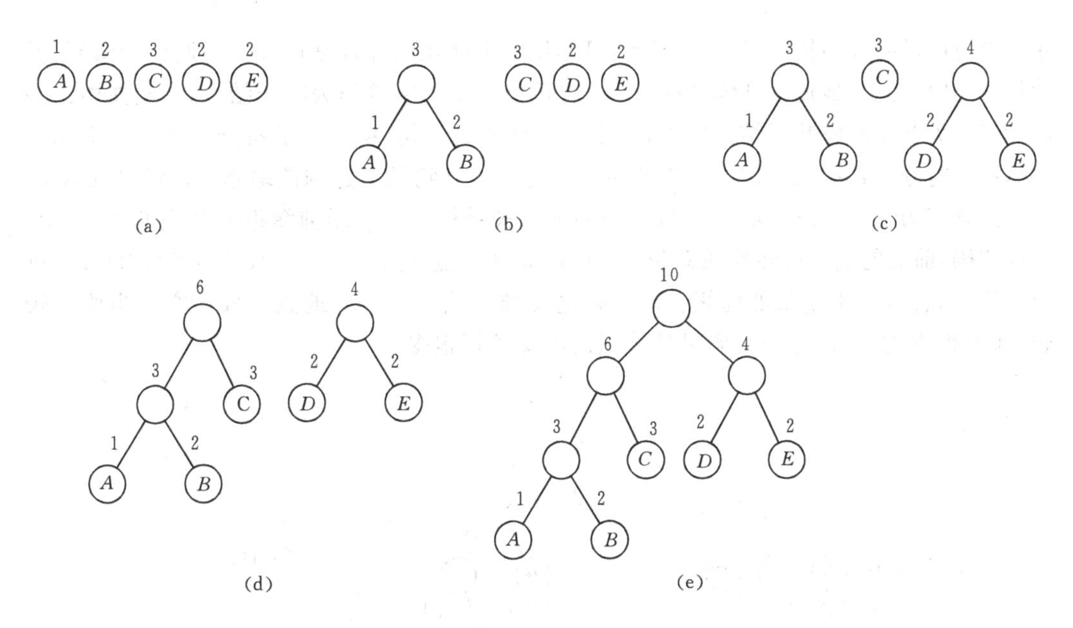

图 6.17 构造哈夫曼树的过程示例

6.4.2 哈夫曼编码

在电报的运作过程中,传送的电文以二进制代码作为电报编码。即电报发出方需将电文转换成二进制编码发出,而接收方又将接收到的一串二进制码按编码原则翻译成原电文。例如,传送的电文为“ABAACCBADCA”,电文中只含有四个字符,每个字符用二个 bit 作为定长编码即可发送电文和接收电文。假设 A,B,C,D 的二进制编码分别为 00,01,10,11,则上述电文的译文为“0001000010100100111000”,总长为 22 个 bit。对方接收时,按二位一组进行译码即可。

从实际应用出发,希望译码后传送的电文总长尽可能地短。对每一个字符的编码,设计为定长码已无法缩短电文的总长,如果将字符设计成长度不等的编码,且让电文中出现次数较多的字符采用尽可能短的编码，则可减少电文总长。上述例子中，因 A,C 字符出现的频率较高，如果 A,B,C,D 的编码分别设计为 0,00,1,01，则上述字串的电文可译成总长为 14 个 bit 的二进制串“00000110000110”，虽然减少了电文的长度，但是接收方无法将电文译成原文，例如前面 5 个 0 的二进制位串“00000”就有多种译法，可以译成“AAAAA”，也可以译成“ABAA”等等。其原因是上述设计的字符编码不是前缀编码。前缀编码是这样一种编码：若要设计长短不等的字符编码，则必须保证任何一个字符的编码都不是另一个字符的编码的前缀。按前缀编码翻译电文，一定能唯一地被翻译成原文。

设每种字符在电文中出现的频率为 w_i，其编码长度(二进制码位数)为 l_i，电文中可能出现的字符有 n 种，则电文总长为

$$\sum_{i=1}^{n} w_i l_i$$

正好是对应的哈夫曼树的 WPL。因此，可利用哈夫曼树的原理来设计二进制前缀编码，并使译得的电文总长最短。具体设计如下：将可能出现的字符作为叶子结点，在电文中出现的频率作为各个对应叶子结点的权值，设计一棵哈夫曼树，树中左子树分支表示二进制数“0”，右子树分支表示二进制数“1”，则可得到每一个字符的二进制前缀编码。设 A,B,C,D 出现的频率为 0.4，0.3，0.2，0.1，则得到的哈夫曼树和二进制前缀编码如图 6.18 所示。按此编码，前面的电文可转换成总长为 21 个 bit 的二进制串“010001101101001111100”，可以看出，这种编码不定长的前缀编码能将电文唯一地无二义性地翻译成原文。当原文较长，频率很不均匀时，这种编码可使传送的电文缩短很多。

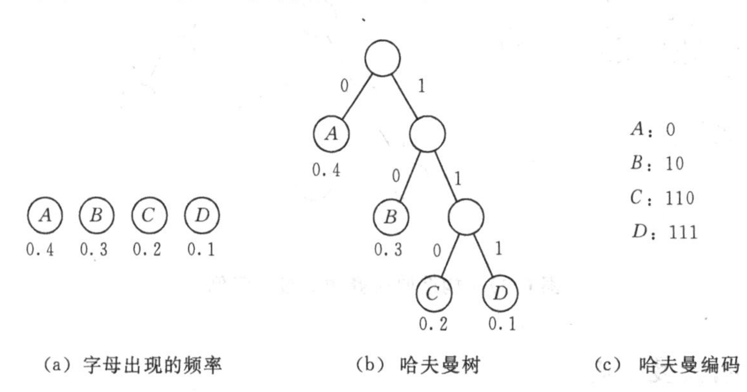

图 6.18 哈夫曼编码设计示例

当然，也可以在哈夫曼树中规定左分支表示“1”，右分支表示“0”，得到的二进制前缀编码虽然不一样，但使用效果一样。

6.4.3 分类与判定

树的另一重要应用是描述分类过程和处理判定的优化。例如，某工厂对某一种产品的质量进行自动检测，并根据检测结果划定该产品的质量等级，等级划分标准如图 6.19 所示。

检测值	$d<5$	$5\leqslant d<6$	$6\leqslant d<7$	$7\leqslant d<8$	$8\leqslant d$
等级	E	D	C	B	A

图 6.19 产品等级判定标准

下面是根据检测值来判定某个产品的质量等级的算法。相应的判定树如图 6.21(a)所示。

等级	E	D	C	B	A
比例	0.05	0.15	0.4	0.3	0.1

图 6.20 等级分布的预测结果

```
if (d < 5)
   P= "E";
else if (d < 6)
       P = "D";
   else if (d < 7)
           P = "C";
       else if (d < 8)
               P = "B";
           else P = "A"
```

如果上面的分类判定算法反复使用时，算法的时间性能就应改进提高。改进的前提是要分析这批产品质量等级的分布情况，即需预测出这批产品中每个等级的产品数量占产品总数的百分比，假设其等级分布的预测结果如图 6.20 所示。

将这些比例值作为权值来构造哈夫曼树，作为新的判定树来设计算法。构造的哈夫曼树和对应的新的判定树如图 6.21(b)，(c)所示。算法如下：

```
if (d >= 6) && (d < 7)
   P= "C";
else if (d >= 7) && (d < 8)
       P = "B";
    else if (d >= 5) && (d < 6)
           P = "D";
        else if (d < 5)
               P = "E";
            else P = "A"
```

假设需要分类判定的产品有 $N=100000$ 件，按图 6.21(a)的判定过程进行判定，总的判定比较次数为：

$$
\begin{aligned}
SUM &= N\times0.1\times4+N\times0.3\times4+N\times0.4\times3+N\times0.15\times2+N\times0.05\times1 \\
&= N\times(0.4+1.2+1.2+0.3+0.05) \\
&= N\times3.15 \\
&= 315000
\end{aligned}
$$

平均比较次数是 3.15。

按图 6.21(c)的判定过程进行判定，总的判定比较次数为：

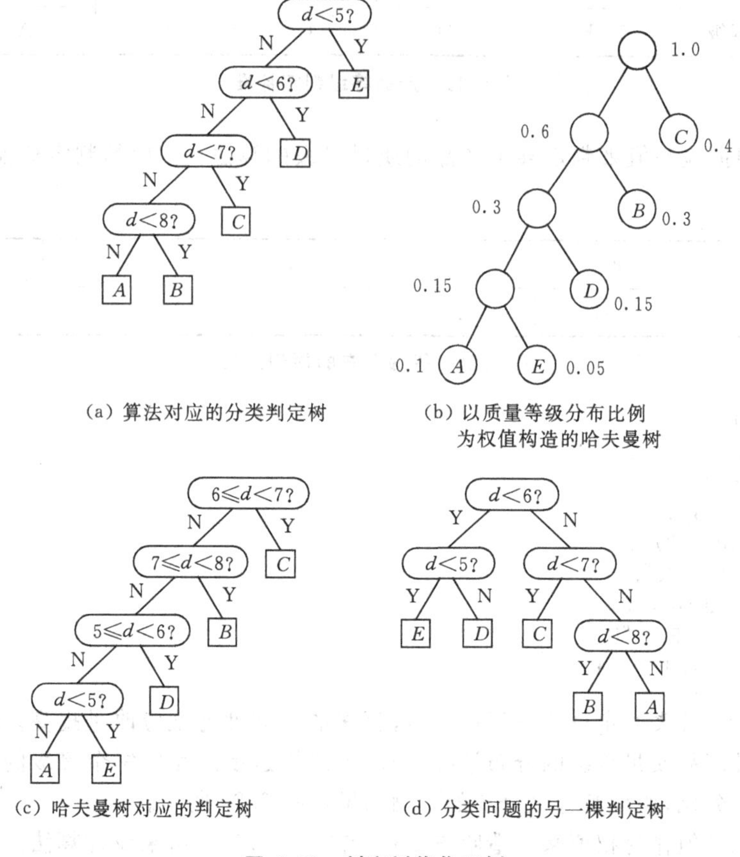

(a) 算法对应的分类判定树

(b) 以质量等级分布比例为权值构造的哈夫曼树

(c) 哈夫曼树对应的判定树

(d) 分类问题的另一棵判定树

图 6.21 判定树优化示例

$$
\begin{aligned}
\text{SUM} &= N\times(0.1\times4+0.05\times4+0.15\times3+0.3\times2+0.4\times1)\\
&= N\times(0.4+0.2+0.45+0.6+0.4)\\
&= 2.05\times N\\
&= 205000
\end{aligned}
$$

新的平均比较次数是 2.05。很明显,该算法的时间性能有所提高。

对于这棵有实际应用价值的哈夫曼树所对应的判定树,由于每一个判定框中都要进行两次值的比较,可将两次比较分开进行,得到如图 6.21(d)所示的判定树,虽然它的平均比较次数是 2.4,大于上述哈夫曼树的 2.05,但实际应用中考虑到将每一个判定框中的两次判断改成一次判断,对整个算法的速度提高不小,所以这种判定树也常被采用。

6.5 应用举例及分析

例 6-1 写出以二叉链表为存储结构的二叉树的中根遍历非递归算法。

算法如下:

```
void inorder_notrecursive(BTCHINALR * bt)
```

```
{
  BTCHINALR *q, *s[20];
  int top = 0;
  int bool = 1;

  q = bt;
  do {
      while(q != NULL)
         { top ++; s[top] = q; q = q->lchild; }
      if(top == 0)
         bool = 0;
      else { q = s[top];
            top --;
            printf("%c\t", q->data);
            q = q->rchild; }
     } while(bool);
}
```

例 6-2 已知一棵二叉树的中根序列和先根序列分别为 *ABCDEFGHIJK* 和 *EBADCFHGIKJ*，试画出这棵二叉树。

从先根序列 *EBADCFHGIKJ* 可确定根结点是 *E*。因中根序列是先遍历左子树，再遍历根结点，最后遍历右子树，所以从中根序列 *ABCDEFGHIJK* 可确定对应的二叉树的左子树由 *A*、*B*、*C*、*D* 结点组成，二叉树的右子树由 *F*、*G*、*H*、*I*、*J*、*K* 结点组成，二叉树的组成示意图如图 6.22(a)所示。

二叉树的左子树也是一棵二叉树，它的先根序列可从整个二叉树的先根序列 *EBADCFHGIK* 中找到，为 *BADC*，由此可确定该左子树的根结点是 *B*。从中根序列中的 *ABCD* 可确定 *B* 结点的左子树由 *A* 结点组成，*B* 结点的右子树由 *C*、*D* 结点组成，二叉树的组成示意图可进一步展开，如图 6.22(b)。

该思路是个递归的思路，依次类推可得到对应的二叉树，如图 6.22(c)所示。

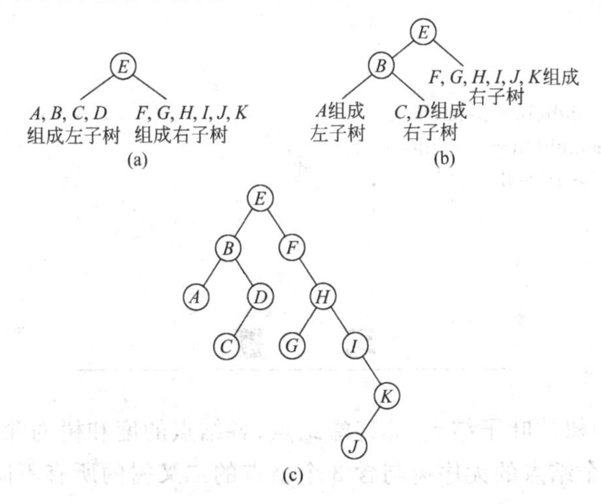

图 6.22 例 6.2 所对应的二叉树的获得示例

例 6-3 求以二叉链表为存储结构的二叉树的叶子结点的个数。

利用中序递归遍历算法求二叉树中叶子结点的个数，算法如下：

```
void inorder_leaf(BTCHINALR * bt)
{
   if (bt != NULL)
     {  inorder_leaf(bt->lchild);
        printf(bt->data);
        if(bt->lchild == NULL) && (bt->rchild == NULL)  k++;
        inorder_leaf(bt->rchild);}
}
```

上面函数中的 k 是全局变量，在主程序中先置零，在调用 inorder_leaf 后，k 值就是二叉树 bt 中叶子结点的个数。也可以用另一种递归算法求二叉树中叶子结点的个数。算法如下：

```
int leaf(BTCHINALR * bt)
{
  if(bt == NULL)
    return 0;
  else if(bt->lchild == NULL && bt->rchild == NULL)
         return 1;
       else
         return(leaf(bt->lchild) + leaf(bt->rchild));
}
```

例 6-4 求以二叉链表为存储结构的二叉树的深度。

可以用递归算法求二叉树的深度，算法如下：

```
int treehigh(BTCHINALR * bt)
{
  int lh, rh, h;
  if(bt == NULL)
       h = 0;
  else
     {  lh = treehigh(bt->lchild);
        rh = treehigh(bt->rchild);
        h = (lh > rh ? lh : rh) + 1;  }
  return h;
}
```

习　题

6-1 写出图 6.23 中树的叶子结点、非终端结点、各结点的度和树的深度。

6-2 分别画出含 3 个结点的无序树与含 3 个结点的二叉树的所有不同形态。

6-3 分别画出图 6.24 中所示二叉树的二叉链表、三叉链表和顺序存储结构示意图。

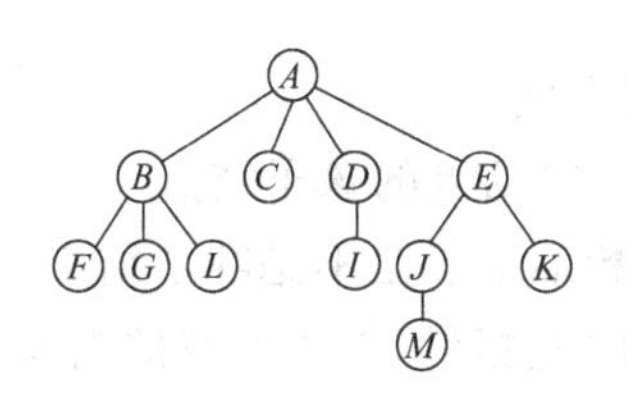

图 6.23

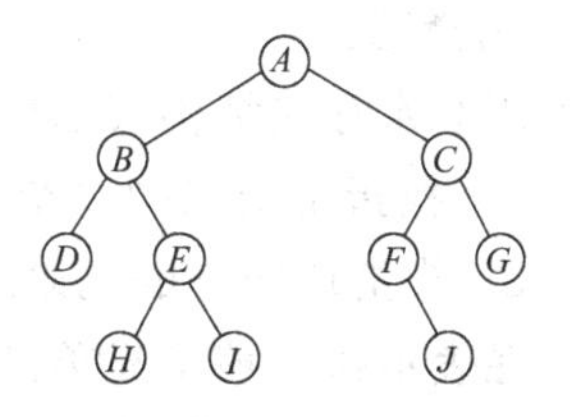

图 6.24

6-4 分别写出图 6.24 中所示二叉树的先根遍历、中根遍历和后根遍历的结点访问序列。

6-5 已知二叉树有 50 个叶子结点,该二叉树的总结点数至少有多少?

6-6 已知完全二叉树的第 8 层有 8 个叶子结点,则完全二叉树的叶子结点数是多少?

6-7 一棵二叉树的先序序列、中序序列、后序序列分别如下,其中有一部分未显示出来,求出空格处的内容,并画出该二叉树。

先序序列:_B_F_ICEH_G

中序序列:D_KFIA_EJC_

后序序列:_K_FBHJ_G_A

6-8 如果一棵度为 m 的树有 n_1 个度为 1 的结点,n_2 个度为 2 的结点,……,n_m 个度为 m 的结点,则该树共有多少个叶子结点?

6-9 已知在一棵含有 n 个结点的树中,只有度为 k 的分支结点和度为 0 的叶子结点,试求该树含有的叶子结点的数目。

6-10 将图 6.25 中所示的森林转换为二叉树。

6-11 分别画出图 6.26 中所示二叉树对应的森林。

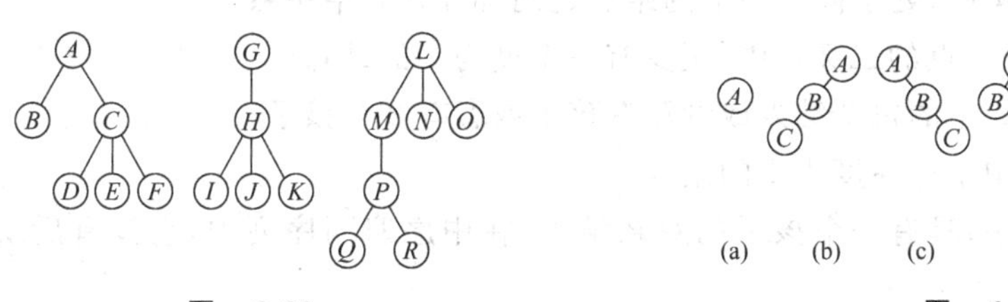

图 6.25

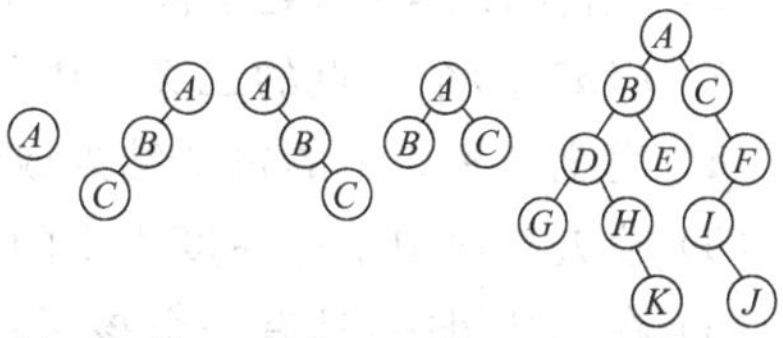

图 6.26

6-12 图 6.11(b)给出了图 6.10 树的带双亲域的孩子链表结构示意图,写出其存储结构数据类型说明。

6-13 给定权值 w=(7,18,3,32,5,26,12,8),构造一棵关于 w 的相应的哈夫曼树,并求其加权路径长度 WPL。

6-14 假设用于通信的电文仅由 8 个字母组成,字母在电文中出现的频率分别为 7,19,2,6,32,3,21,10,试为这 8 个字母设计哈夫曼编码。

6-15 试编写一个将百分制转换成五分制的算法,要求其时间性能尽可能地高(即平均比较次数尽可能少)。假定学生成绩分布情况如下:

分数	0—59	60—69	70—79	80—89	90—100
比例	0.05	0.15	0.40	0.30	0.10

6-16 单项选择题。

(1) 用双亲存储结构表示树,其优点之一是比较方便________。

A. 找指定结点的双亲结点　　B. 找指定结点的孩子结点

C. 找指定结点的兄弟结点　　D. 判断某结点是不是叶子结点

(2) 在表示树的孩子兄弟链表结构中有6个空的左指针域,7个空的右指针域,则该树中树叶结点的个数________。

A. 有7个　　B. 有6个　　C. 有5个　　D. 不能确定

(3) 一棵具有 $n(n>1)$ 个结点的二叉树,存放在二叉链表结构中,空指针域个数是________。

A. $n-1$　　B. $n+1$　　C. n　　D. $n-2$

(4) 一棵完全的二叉树上有1001个结点,其叶子结点的个数是________。

A. 250　　B. 501　　C. 254　　D. 505

(5) 在任何一棵二叉树中,如果结点 a 有左孩子 b、右孩子 c,则在结点的先序序列、中序序列、后序序列中,________。

A. 结点 b 一定在结点 a 的前面　　B. 结点 a 一定在结点 c 的前面

C. 结点 b 一定在结点 c 的前面　　D. 结点 a 一定在结点 b 的前面

(6) 设有13个值,用它们组成一棵哈夫曼树共有________个结点。

A. 13　　B. 12　　C. 26　　D. 25

6-17 判断以下叙述的正确性:

(1) 树状结构中每一个结点都有一个前驱结点。

(2) 在树状结构中,处于同一层上的结点之间都存在兄弟关系。

(3) $n(n>2)$ 个结点的二叉树中,至少有一个度为2的结点。

(4) 完全二叉树中的每个结点或者没有孩子或者有2个孩子。

(5) 哈夫曼树中不存在度为1的结点。

(6) 在二叉树中,具有一个孩子的双亲结点,在中序遍列序列中,它没有后继孩子结点。

(7) 已知二叉树的先序序列和后序序列,并不能唯一确定这棵二叉树。

(8) 存在这样的二叉树,对它采用任何次序的遍历,结果相同。

6-18 写一算法,将一棵以二叉链表存储结构存储的二叉树 t,按顺序方式存储在数组 A 中。

6-19 一棵具有 n 个结点的完全二叉树以顺序方式存储在数组 A 中。写一算法,用二叉链表存储结构构造该二叉树。

6-20 写出二叉树的先序遍历非递归算法,二叉树采用二叉链表存储方式。

6-21 编一算法,判别给定的二叉树是否是满二叉树。二叉树采用二叉链表存储方式。

6-22 在以双亲链表结构存储的树中,分别写出求树中结点双亲的算法和求树中结点孩子的算法。

6-23 已知一棵具有 n 个结点的二叉树,写一算法,用二叉链表存储结构建立。

6-24 编写程序,实现对二叉树中序遍历,并输出遍历结果。算法可以用递归算法实现也可以用非递归算法实现。二叉树采用二叉链表存储方式。

6-25 编写程序,计算二叉树叶子结点数,二叉树采用二叉链表存储方式。

6-26 编写程序,计算二叉树的深度。树根为第一层。二叉树采用二叉链表存储方式。

6-27 编一程序,查找给定结点是否在二叉树中存在。设定二叉树中结点值互不相同。二叉树采用二叉链表存储方式。

6-28 编一程序,查找给定结点的双亲结点是否在二叉树中存在。二叉树用二叉链表存储结构存储。

6-29 编一程序,实现二叉树左右子树交换。二叉树采用二叉链表存储方式。

6-30 编写人机下棋游戏程序。

实 训 题

6-31 简述二叉树与度为 2 的树之间的差别。

6-32 试找出分别满足下列条件的所有二叉树:

(1) 先根序列和中根序列相同;

(2) 后根序列和中根序列相同;

(3) 先根序列和后根序列相同。

6-33 已知一棵二叉树的中根序列和先根序列分别为 *ECBHFDJIGA* 和 *ABCEDFHGIJ*,试画出这棵二叉树。

6-34 单项选择题。

(1) 用双亲存储结构表示树,其优点之一是________比较方便。

A. 判断两个指定结点是不是兄弟结点

B. 找指定结点的双亲结点

C. 判断指定结点在第几层

D. 计算指定结点的度数

(2) 一棵有 124 个叶子结点的完全的二叉树,最多有________个结点。

A. 247　　B. 248　　C. 249　　D. 250

(3) 在高度为 h 的完全的二叉树中,________。

A. 度为 0 的结点都在第 h 层上

B. 第 $i(1\leqslant i\leqslant h)$层上结点都是度为 2 的结点

C. 第 $i(1\leqslant i\leqslant h-1)$层上有 2^{i-1}个结点

D. 不存在度为 1 的结点

(4) 根据使用频率为 5 个字符设计的哈夫曼编码不可能是________。

A. 111,110,10,01,00　　B. 000,001,010,011,1

C. 100,11,10,1,0　　D. 001,000,01,11,10

6-35 判断以下叙述的正确性:

(1) 度为 m 的树中至少有一个度为 m 的结点。

(2) 只要知道完全二叉树中结点的先序序列,就可以唯一确定它的逻辑结构。

(3) 哈夫曼树中,权值较大的叶结点一般都离根结点较远。

(4) 在二叉树中,具有两个孩子的双亲结点,在中序遍列序列中,它的后继结点最多只能有一个双亲结点。

(5) 二叉树就是度为 2 的树。

(6) 将一棵树转换成二叉树后,根结点没有左子树。

6-36 在以孩子链表结构存储的树中,分别写出求树中结点双亲的算法和求树中结点孩子的算法。

6-37 计算二叉树中结点的总数,你能写出多少种算法?二叉树用二叉链表存储结构存储。

6-38 编写一算法,判别给定的二叉树是否是完全二叉树。二叉树用二叉链表存储结构存储。

6-39 编写程序,实现对建立的二叉树进行先序遍历,并输出遍历结果。二叉树用二叉链表存储结构存储。

6-40 编写程序,实现对建立的二叉树进行后序遍历,并输出遍历结果。二叉树用二叉链表存储结构存储。

6-41 计算二叉树叶子结点数的算法很多很多,粗算也可有 6、7 种。编写程序,实现这一操作(两个以上)。二叉树用二叉链表存储结构存储。

6-42 二叉树用二叉链表存储结构存储,编写程序,输出给定结点到根结点的路径。

第7章

图

图是一种比树形结构更复杂更灵活的非线性结构。在树形结构中，结点之间具有分支层次关系，每一层上的结点只能和上一层中的至多一个结点相关，但可能和下一层中的多个结点相关。而在图结构中，任意两个结点之间都可能相关，结点之间的邻接关系是任意的。图结构可以描述各种复杂的数据对象，在人工智能、工程、计算机科学等领域中有着广泛的应用。

7.1 图的定义和术语

图(graph)G 由两个集合 V 和 E 组成，记为 $G=(V,E)$。V 是顶点的有穷非空集合；E 是边的集合，边是 V 中顶点的偶对。E 可以是空集，若 E 为空，则 G 中只有顶点没有边。

在图中，数据元素通常称为顶点(vertex)。若顶点之间的偶对是有方向的，称此图为有向图(digraph)，有方向偶对用尖括号括起来，并称之为**弧**(arc)。如 $v,w\in V$，$<v,w>\in E$，则 $<v,w>$ 是有向图中从顶点 v 到顶点 w 的一条弧，v 是弧尾(tail)(始点)，w 是弧头(head)(终点)。若顶点之间的偶对是无方向的，称此图为无向图(undigraph)，无方向偶对用圆括号括起来，通常称之为边(edge)。如 $x,y\in U$，$(x,y)\in E$，则 (x,y) 是无向图中顶点 x 和顶点 y 之间的一条边。(x, y) 和 (y, x) 被认为是同一条边，$<v,w>$ 和 $<w,v>$ 是不同的两条弧。图7.1中，$G1$ 是有向图，$V=\{V_1,V_2,V_3,V_4\}$，$E=\{<V_1,V_2>, <V_1,V_4>, <V_3,V_4>, <V_3,V_1>, <V_2,V_1>, <V_2,V_3>\}$；$G_2$ 是无向图，$V=\{V_1,V_2,V_3,V_4\}$，$E=\{(V_1,V_4),(V_1,V_2),(V_1,V_3),(V_2,V_3),(V_3,V_4)\}$。在无向图 $G2$ 中边 (V_1,V_4) 和 (V_4,V_1) 是同一条边，而在有向图 $G1$ 中的弧 $<V_1,V_2>$ 和 $<V_2,V_1>$ 是两条不同的弧。

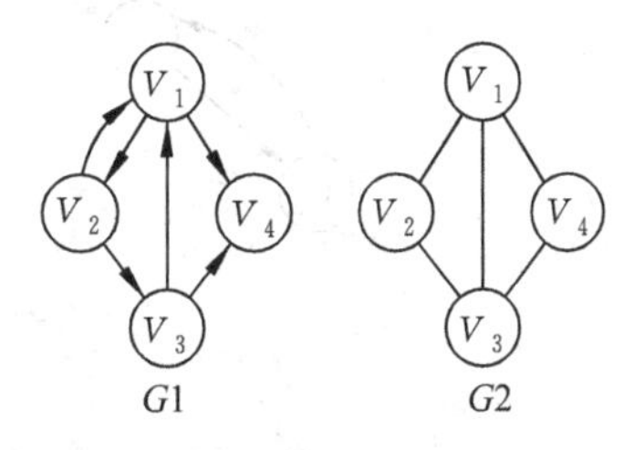

图 7.1　有向图和无向图示例

用 n 表示图中顶点的数目，e 表示图中边或弧的数目。在有 n 个顶点的无向图中，e 的取值范围是 0 到 $\frac{1}{2}n(n-1)$。n 个顶点有 $\frac{1}{2}n(n-1)$ 条边的无向图称为无向完全图。在

有 n 个顶点的有向图中，e 的取值范围是 0 到 $n(n-1)$。n 个顶点有 $n(n-1)$ 条弧的有向图称为有向完全图。有时图的边或弧附有相关的数值，这种数值称为权(weight)。这些权可以表示一个顶点到另一个顶点的距离，或时间耗费、开销耗费等。每条边或弧都带权的图又称为网(network)，如图 7.2 所示。

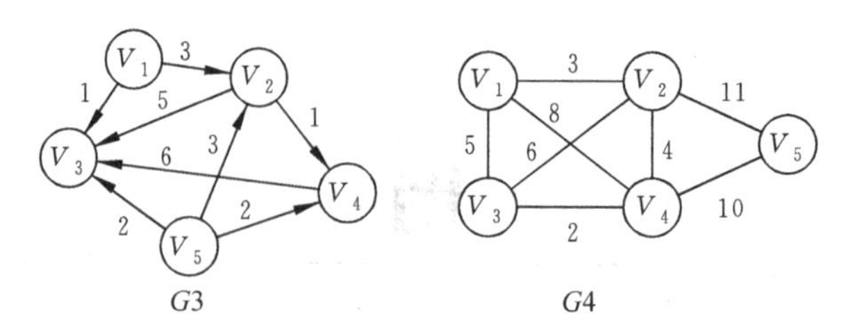

图 7.2　有向网和无向网示例

无向图中，若顶点 x 与 y 之间有边 (x,y)，则 x,y 互为邻接点，边 (x,y) 与顶点 x 和 y 相关联。无向图中顶点 x 的度(degree)是和 x 相关联的边的数目，记为 $TD(x)$。有向图中，若 $<v, w>$ 是一条弧，则称顶点 v 邻接到顶点 w，顶点 w 邻接自顶点 v。有向图中顶点 v 的入度(indegree)是以顶点 v 为终点的弧的数目，记为 $ID(v)$，顶点 v 的出度(outdegree)是以顶点 v 为始点的弧的数目，记为 $OD(v)$，顶点 v 的度记为 $TD(v)=ID(v)+OD(v)$。如 $G1$ 中 V_2 顶点的度为 3，出度为 2，入度为 1。

无向图和有向图都具有如下关系：

$$e = \frac{1}{2}\sum_{i=1}^{n} TD(V_i)$$

其中，n 是图的顶点数，e 是图中边数（或弧数），$TD(V_i)$ 为 V_i 的度。

设 $G=(V,E)$ 是一个图，$G'=(V',E')$ 也是一个图，如果 V' 是 V 的子集，E' 是 E 的子集，且 E' 中的边仅与 V' 中顶点相关联，则称 G' 为 G 的子图(subgreph)。图 7.3 是 $G1$ 的若干子图，图 7.4 是 $G2$ 的若干子图。

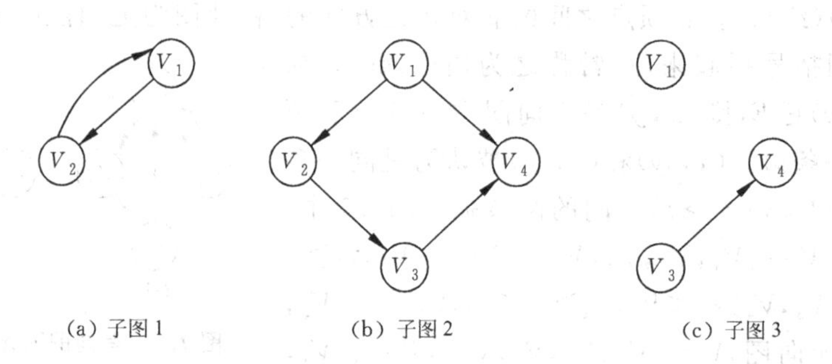

(a) 子图 1　　(b) 子图 2　　(c) 子图 3

图 7.3　G1 的若干子图

无向图 $G=(V,E)$ 若存在一个顶点序列 $x=v_{i0},v_{i1},v_{i2},\cdots,v_{in}=y$，其中，$(v_{i0},v_{i1})\in E,(v_{i1},v_{i2})\in E,\cdots,(v_{in-1},v_{in})\in E$，则称顶点 x 到顶点 y 存在一条路径(path)。若 G 是有向图，则路径也是有方向的，其中，$<v_{i0},v_{i1}>,<v_{i1},v_{i2}>,\cdots,<v_{in-1},v_{in}>\in E$。路径上的边或弧的数目定义为路径长度。路径序列中顶点不重复出现的路径称为简单路径。

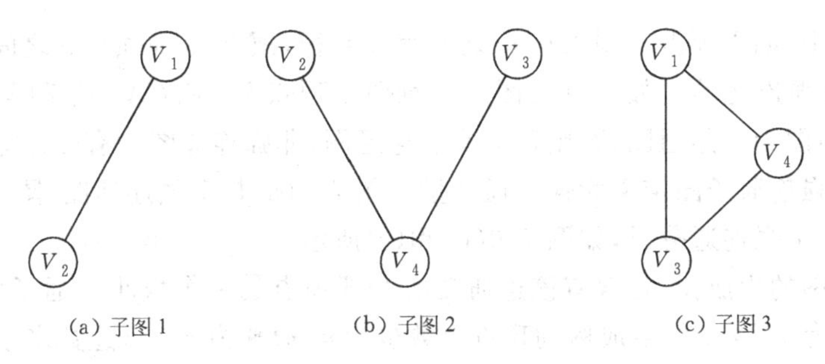

(a) 子图1　(b) 子图2　(c) 子图3

图 7.4 *G2* 的若干子图

路径中第一个顶点和最后一个顶点相同的路径称为回路或环(cycle)。简单路径中第一个顶点和最后一个顶点相同,该简单路径称为简单回路。在图 7.1 的 $G2$ 中,(V_1,V_2,V_3,V_4)是简单路径,(V_1,V_2,V_3,V_1,V_4)不是简单路径,(V_4,V_3,V_2,V_1,V_4)是简单回路,$(V_4,V_3,V_2,V_1,V_3,V_4)$不是简单回路。

在无向图中,如果顶点 x 到顶点 y 有路径,则称 x 和 y 是连通的。如果无向图中任意两个顶点 $V_i,V_j \in V$,V_i 和 V_j 都是连通的,则称该无向图为连通图,否则称为非连通图,非连通图含有连通分量,非连通图中的极大连通子图定义为连通分量。连通图的连通分量就是其本身的图。图 7.5(a)是非连通图,它有三个连通分量,如图 7.5(b)所示。

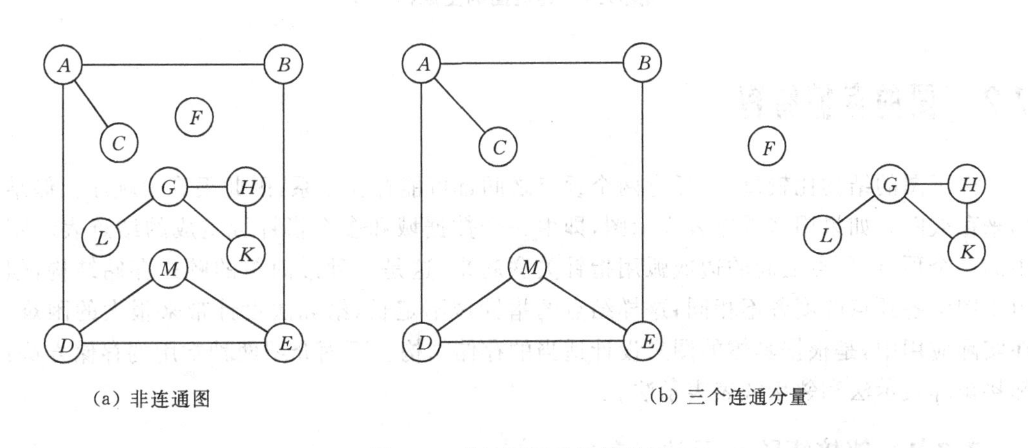

(a) 非连通图　(b) 三个连通分量

图 7.5 非连通图的连通分量

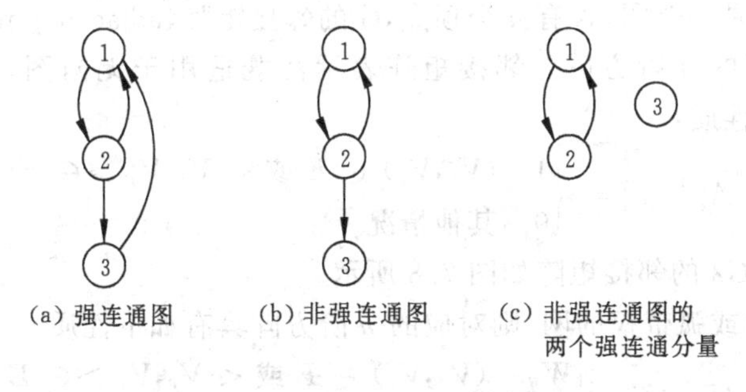

(a) 强连通图　(b) 非强连通图　(c) 非强连通图的两个强连通分量

图 7.6 强连通图与非强连通图示例

在有向图中,如果顶点 v 到顶点 w 之间存在路径,顶点 w 到顶点 v 之间也存在路径,则称 v 和 w 是强连通的。如果有向图中任意两个顶点 $V_i,V_j \in V$,V_i 和 V_j 都是强连通的,则称该有向图为强连通图,否则称为非强连通图,非强连通图含有强连通分量,非强连通图中的极大强连通子图定义为强连通分量。图 7.6(a)是个强连通图,图 7.6(b)是非强连通图,它有二个强连通分量,如图 7.6(b)和(c)所示。

一个连通图的生成树,是含有该连通图的全部顶点的一个极小连通子图。若连通图 G 的顶点个数为 n,则 G 的生成树的顶点个数也为 n,边数为 $n-1$,边数多于 $n-1$ 就不是极小连通子图,少于 $n-1$ 则不连通了。图 7.7(a)是个连通图,图 7.7(b)和(c)是它的两个生成树。

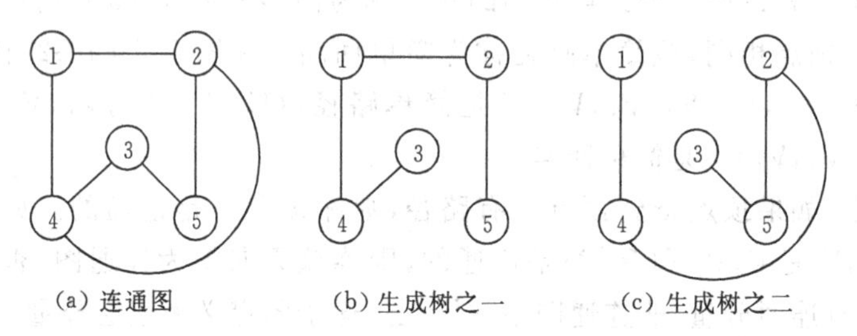

图 7.7 连通图的生成树

7.2 图的存储结构

由于图的结构比较复杂,任意两个顶点之间都可能存在联系,因此很难用顺序存储结构来存放图。如果用多重链表表示图,即由一个数据域和多个指针域组成的结点表示图中的一个顶点,顶点之间的边或弧用指针关联起来,这是一种最简单的链式存储结构,但由于图中各顶点的度各不相同,这样结点的指针域不定长,给算法设计带来很大的困难。在实际应用中,是根据具体的图来设计适当的存储结构。下面介绍两种常用的存储方法:邻接矩阵表示法和邻接链表表示法。

7.2.1 邻接矩阵表示法

设 $G=(V,E)$是一个图,含有 n 个顶点,G 的邻接矩阵(adjacency matrix)是表示图中顶点之间相邻关系的 n 阶方阵。邻接矩阵表示法既适用于无向图,又适用于有向图,n 阶方阵具有如下性质:

$$A[i,\ j]=\begin{cases}1 & (V_i,V_j)\in E \text{ 或 } <V_i,V_j>\in E \\ 0 & \text{其他情况}\end{cases}$$

图 7.1 中的 $G1$ 和 $G2$ 的邻接矩阵如图 7.8 所示。

如果图 G 是边或弧带权的网,则对应的 n 阶方阵具有如下性质:

$$A[i,j]=\begin{cases}W_{ij} & (V_i,V_j)\in E \text{ 或 } <V_i,V_j>\in E \\ \infty & \text{其他情况}\end{cases}$$

$$G1.arcs=\begin{bmatrix}0&1&0&1\\1&0&1&0\\1&0&0&1\\0&0&0&0\end{bmatrix}$$

(a) $G1$ 的邻接矩阵

$$G2.arcs=\begin{bmatrix}0&1&1&1\\1&0&1&0\\1&1&0&1\\1&0&1&0\end{bmatrix}$$

(b) $G2$ 的邻接矩阵

图 7.8 $G1$ 和 $G2$ 的邻接矩阵示意图

图 7.2 中的 $G3$ 和 $G4$ 的邻接矩阵如图 7.9 所示。

$$G3.arcs=\begin{bmatrix}\infty&3&1&\infty&\infty\\\infty&\infty&5&1&\infty\\\infty&\infty&\infty&\infty&\infty\\\infty&\infty&6&\infty&\infty\\\infty&3&2&2&\infty\end{bmatrix}$$

(a) 有向网的邻接矩阵

$$G4.arcs=\begin{bmatrix}\infty&3&5&8&\infty\\3&\infty&6&4&11\\5&6&\infty&2&\infty\\8&4&2&\infty&10\\\infty&11&\infty&10&\infty\end{bmatrix}$$

(b) 无向网的邻接矩阵

图 7.9 网的邻接矩阵示意图

用邻接矩阵表示法存储图,对应的结构说明如下:

```
#define VEXTYPE int
#define ADJTYPE int
#define MAXLEN 40

typedef struct
{  otherdata ……;                        // 图中边的信息,在下面的分析和讨论中忽略不考虑
   VEXTYPE vexs[MAXLEN];                // 图中顶点的信息
   ADJTYPE arcs[MAXLEN][MAXLEN];// 邻接矩阵
   int vexnum, arcnum;                  // 顶点数和边数
   int kind;                            // 图的类型
}MGRAPH;
```

图的类型分四种:有向图,kind=1;无向图,kind=2;有向网,kind=3;无向网,kind=4。

无向图的邻接矩阵是对称矩阵,有向图的邻接矩阵不一定是对称矩阵。无向图中顶点 V_i 的度 $TD(V_i)$是邻接矩阵中第 i 行(或第 i 列)中为“1”的元素的个数,也可用下列公式求得:

$$TD(V_i)=\sum_{j=1}^{G2.vexnum}G2.arcs[i][j]=\sum_{j=1}^{G2.vexnum}G2.arcs[j][i]$$

有向图中顶点 V_i 的出度 $OD(V_i)$是邻接矩阵中第 i 行中为“1”的元素的个数,顶点 V_i 的入度 $ID(V_i)$是邻接矩阵中第 i 列中为“1”的元素的个数,也可用下列公式求得:

$$OD(V_i)=\sum_{j=1}^{G1.vexnum}G1.arcs[i][j],ID(V_i)=\sum_{j=1}^{G1.vexnum}G1.arcs[j][i]$$

下面是建立有向网的邻接矩阵的算法:

```
#define MAX 10000              // 设∞为 MAX

MGRAPH create_mgraph()
```

```
{
  int i, j, k, h;
  char b, t;
  MGRAPH mg;

  mg.kind = 3;
  printf("请输入顶点数和边数:");
  scanf("%d, %d", &i, &j);
  mg.vexnum = i;
  mg.arcnum = j;
  for (i = 0; i < mg.vexnum; i++)
     { printf(" 第 %d 个顶点信息:", i + 1);
       scanf("%d", &mg.vexs[i]);}
  for(i = 0; i < mg.vexnum; i++)
      for(j = 0; j < mg.vexnum; j++)
          mg.arcs[i][j] = MAX;
  for (k = 1; k <= mg.arcnum; k++)
     { printf("第 %d 条边的起始顶点编号和终止顶点编号:\n",k);
       scanf("%d, %d",&i,&j);
       while(i < 1 || i > mg.vexnum || j < 1 || j > mg.vexnum)
          { printf("          编号超出范围,重新输入:");
            scanf("%d, %d", &i, &j);}
       printf("此边的权值:");
       scanf("%d", &h);
       mg.arcs[i - 1][j - 1] = h;}
  return mg;
}
```

7.2.2 邻接链表表示法

邻接链表(adjacency link list)是图的一种链式存储结构。适用于无向图,也适用于有向图。在邻接链表中,对图中的每个顶点建立一个单链表。单链表有一个表头结点。表头结点的结构为:

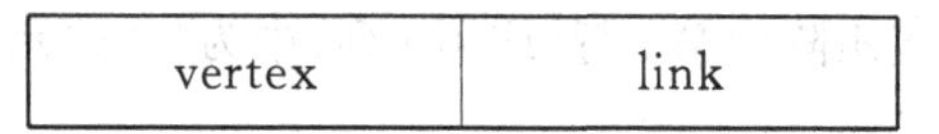

其中,vertex 域存放图中某个顶点 V_i 的信息,link 域为指针,指向对应的单链表中的结点。邻接链表将所有表头结点组成一个二维数组。

单链表中的结点称为表结点,表结点的结构为:

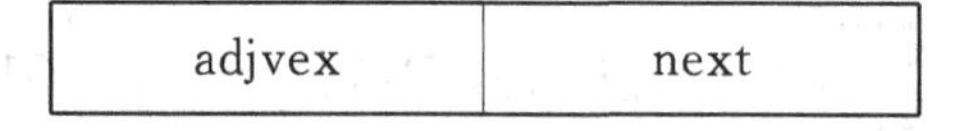

其中,adjvex 域存放与顶点 V_i 相邻接的顶点在二维数组中的序号,next 域为指针,指向与顶点 V_i 相邻接的下一个顶点的表结点。

无向图 $G2$ 的邻接链表示意图如图 7.10 所示。

对于有向图,表结点中 adjvex 域存放的是以顶点 V_i 为始点的弧的终端顶点在二维

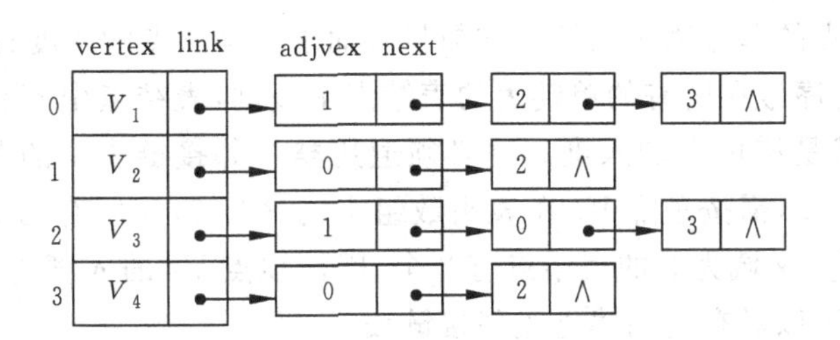

图 7.10　无向图 *G*2 的邻接链表示例

数组中的序号，next 域指向以顶点 V_i 为始点的下一条弧对应的表结点。有向图 $G1$ 的邻接链表示意图如图 7.11(a)所示。

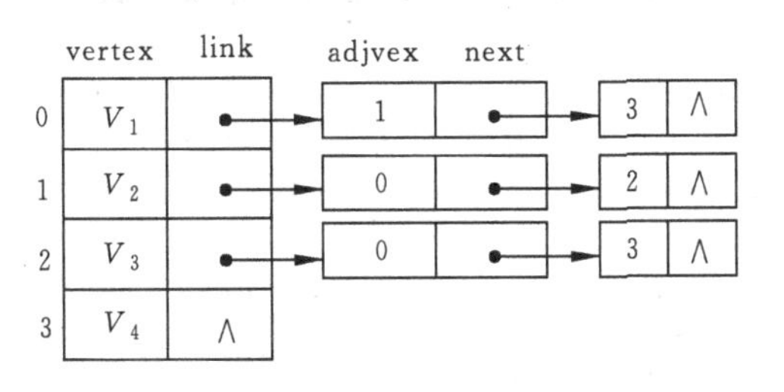

(a) 有向图G1的邻接链表

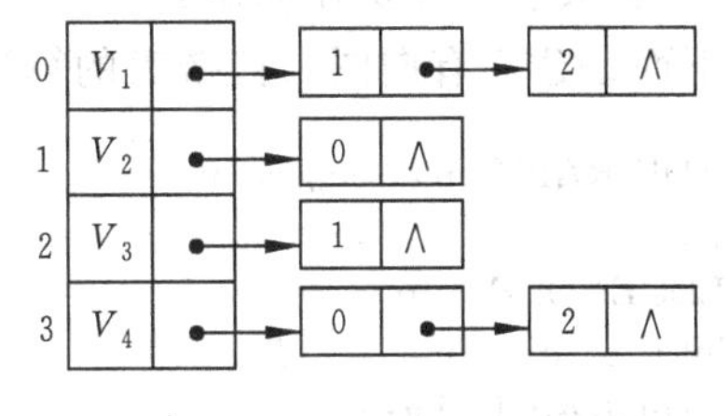

(b) 有向图G1的逆邻接链表

图 7.11　有向图的邻接链表和逆邻接链表

下面给出图的邻接链表的结构说明：

```
#define VEXTYPE int
#define MAXLEN 40

typedef struct node3                    // 表结点结构
{  int adjvex;                          // 存放与表头结点相邻接的顶点在数组中的序号
   struct node3 *next;                  // 指向与表头结点相邻接的下一个顶点的表结点。
}EDGENODE;

typrdef struct
{   VEXTYPE vertex;                     // 存放图中顶点的信息
    EDGENODE *link;                     // 指针指向对应的单链表中的表结点
} VEXNODE;

typedef struct
{   VEXNODE adjlist[MAXLEN];            // 邻接链表表头向量
    int vexnum, arcnum;                 // 顶点数和边数
    int kind;                           // 图的类型
}ADJGRAPH;
```

从无向图的邻接链表中看到：一条边对应两个表结点，所以表结点的总数是边数 e 的两倍。在有向图的邻接表中，一条弧对应一个表结点，表结点的数目和图中弧的数目相同。

以无向图的邻接链表为存储结构，求图中某个顶点的度很容易，就是该顶点的单链表中表结点的数目。以有向图的邻接链表为存储结构，求图中某个顶点的出度很容易，和无

向图一样，为该顶点的单链表中表结点的数目。而求某个顶点的入度有点复杂，需按该顶点在表头向量中的序号在所有的单链表的表结点中查询，表结点中 adjvex 域和其序号一致的表结点个数就是该顶点的入度。这必须遍历整个邻接链表中的单链表。例如要求 $G1$ 中 V_4 顶点的入度，需按顶点 V_4 在表头数组中的序号 3，在所有的单链表的表结点中查询，表结点中 adjvex 域为 3 的表结点有 2 个，因而顶点 V_4 的入度为 2。为了方便求有向图顶点的入度，可以对有向图建立逆邻接链表。

有向图的逆邻接链表中，单链表中表结点的 adjvex 域存放的是以 V_i 为终点的弧的始端顶点的序号，next 域指向以 V_i 为终点的下一条弧对应的表结点。图 7.11(b)给出了 $G1$ 的逆邻接链表示意图。在逆邻接链表中求有向图中顶点的入度很方便，但求出度则相反，变得不方便了。所以对于一个有向图，是选用邻接链表还是选用逆邻接链表作为图的存储结构，要看具体操作而定。

下面是建立有向图邻接链表的算法：

```
ADJGRAPH creat_adjgraph()
{
EDGENODE *p;
int i, s, d;
ADJGRAPH adjg;

adjg.kind = 1;
printf("请输入顶点数和边数:");
scanf("%d, %d", &s, &d);
adjg.vexnum = s;
adjg.arcnum = d;
for(i = 0; i < adjg.vexnum; i++)
   {printf(" 第 %d 个顶点信息:", i + 1);
    scanf("%d", &adjg.adjlist[i].vertex);
    adjg.adjlist[i].link = NULL;}
for(i = 0; i < adjg.arcnum; i++)
   {printf("第 %d 条边的起始顶点编号和终止顶点编号:", i+1);
    scanf("%d, %d", &s, &d);
    while(s < 1 || s > adjg.vexnum || d < 1 || d > adjg.vexnum)
       { printf(" 编号超出范围,重新输入:");
        scanf("%d, %d", &s, &d); }
        s--;
        d--;
        p = malloc(sizeof(EDGENODE));
        p->adjvex = d;
        p->next = adjg.adjlist[s].link;
        adjg.adjlist[s].link = p;}
return adjg;
}
```

从算法中看到，一个图对应的邻接链表的存储结构可以不是唯一的，主要反映在单链表中各表结点的前后次序可以不同，它取决于建立邻接链表的算法中结点是前插入或是后插入，以及各边的输入次序。

在邻接链表上容易找到任一顶点的第一个邻接点和下一个邻接点，但要判定任意两个顶点 V_i 和 V_j 之间是否有边或弧相连，则需搜索第 i 个或第 j 个链表，这一点不及邻接矩阵方便。

7.3 图的遍历

和树的遍历类似，我们希望从图中某顶点出发对图中每个顶点访问一次，而且只访问一次，这一过程称为图的遍历(traversing graph)。图的遍历算法是图的诸多应用的基础。本节介绍两种遍历图的规则：深度优先搜索和广度优先搜索。这两种方法既适用于无向图，也适用于有向图。

7.3.1 深度优先搜索遍历

假设初始时图中所有顶点未曾被访问，则深度优先搜索(depth-first search)可从图中某个顶点 v 出发，首先访问此顶点，然后任选一个 v 的未被访问的邻接点 w 出发，继续进行深度优先搜索，直至图中所有和 v 有路径相通的顶点都被访问到；若此时图中尚有顶点未被访问，则另选一个图中未曾被访问的顶点作始点，重复上面的过程，直至图中所有的顶点都被访问。

上述的访问规则适用于连通图和强连通图，也适用于非连通图和非强连通图。

以图 7.12(a)中无向连通图为例，假定 V_1 是出发点，首先访问 V_1；因 V_1 的未被访问的邻接点有 V_2 和 V_3，现选 V_2 出发继续进行深度优先搜索，访问 V_2；因 V_2 的未被访问的邻接点有 V_4 和 V_5，现选 V_4 出发继续进行深度优先搜索，访问 V_4；V_4 的未被访问的邻接点只有 V_8，从 V_8 出发继续，访问 V_8；V_8 的未被访问的邻接点只有 V_5，从 V_5 出发继续，访问 V_5；这时 V_5 的所有邻接点都已被访问，从 V_5 返回 V_8，V_8 的所有邻接点都也已被访问，从 V_8 返回 V_4，再从 V_4 返回 V_2，从 V_2 返回 V_1，因 V_1 还有邻接点 V_3 未被访问，现从 V_3 出发继续，访问 V_3；因 V_3 的未被访问的邻接点有 V_6 和 V_7，现选 V_6 出发继续，访问 V_6；V_6 的未被访问的邻接点只有 V_7，现从 V_7 出发继续，访问 V_7；这时 V_7 的所有邻接点都已被访问，从 V_7 返回 V_6，V_6 的所有邻接点都也已被访问，从 V_6 返回 V_3，从 V_3 返回 V_1，V_1 的所有邻接点都也已被访问，从 V_1 出发对图深度优先搜索遍历的过程结束。遍历得到的序列为：V_1，V_2，V_4，V_8，V_5，V_3，V_6，V_7。过程示意图如图 7.12(b)所示。

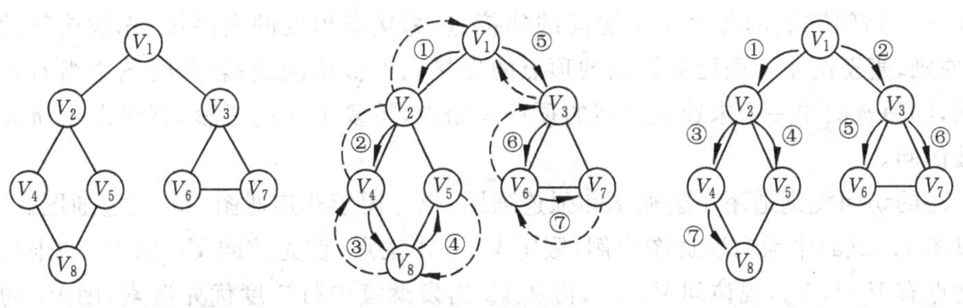

图 7.12 连通图深度优先搜索和广度优先搜索过程示意图

按深度优先搜索遍历规则还可得到 $V_1, V_3, V_7, V_6, V_2, V_5, V_8, V_4$ 等多种序列。

下面是深度优先搜索非形式算法的描述，算法中设一数组 visited，数组长度为图的顶点数，初值均置为 0，表示顶点均未被访问，当 V_i 被访问过，即将 visitsd 对应分量置为 1。将该数组设为全局变量。

```
{
    确定从 G 中某一顶点 V0 出发，访问 V0；
    visited[V0] = 1;
    找出 G 中 V0 的第一个邻接顶点－＞w;
    while (w 存在) do
        { if visited[w] == 0 继续进行深度优先搜索；
          找出 G 中 V0 的下一个邻接顶点－＞w;}
}
```

深度优先搜索算法是递归算法，按照上面算法的设计思想，对于连通图和强连通图，用邻接链表作为存储结构，深度优先搜索遍历的算法设计如下：

```
void dfs(ADJGRAPH adjg, int v)
{
EDGENODE *p;
int i;

visited[v-1] = 1;
v--;
printf("%4d", adjg.adjlist[v].vertex);
p = adjg.adjlist[v].link;
while(p != NULL)
    { if(visited[p->adjvex] == 0)
        dfs(adjg, (p->adjvex)+1);
      p = p->next;}
}
```

7.3.2 广度优先搜索遍历

假设图中所有顶点未曾被访问，则广度优先搜索(breadth-first-search)可从图中某个顶点 V 出发，访问此顶点，然后依次访问 V 的各个未被访问的邻接点，再分别从这些邻接点出发依次访问它们的各个未被访问的邻接点，邻接点出发的次序按“先被访问的先出发”的原则，直至图中前面已被访问的顶点的邻接点都被访问到；若此时图中尚有顶点未被访问，则另选图中一个未曾被访问的顶点作始点，重复上面的过程，直至图中所有的顶点都被访问。

上述的访问规则适用于连通图和强连通图，也适用于非连通图和非强连通图。

以图 7.12(a)中无向连通图为例，假定 V_1 是出发点，首先访问 V_1；因 V_1 的未被访问的邻接点有 V_2 和 V_3，现访问 V_2, V_3；再从 V_2 出发继续进行广度优先搜索，因 V_2 的未被访问的邻接点有 V_4 和 V_5，访问 V_4, V_5；按次序选 V_3 出发继续，V_3 的未被访问的邻接点有 V_6 和 V_7，访问 V_6 和 V_7；按次序选 V_4 出发继续，V_4 的未被访问的邻接点只有 V_8，访问

V_8；再从 V_5 出发继续，这时 V_5 的所有邻接点都已被访问，继续从 V_6 出发继续，V_6 的所有邻接点都也已被访问，再从 V_7 出发继续，V_7 的所有邻接点都也已被访问，再从 V_8 出发继续，V_8 的所有邻接点都也已被访问，此次，从 V_1 出发对图广度优先搜索遍历的过程结束。遍历得到的序列为：$V_1, V_2, V_3, V_4, V_5, V_6, V_7, V_8$。过程示意图如图 7.12(c)所示。

按广度优先搜索遍历规则还可得到 $V_1, V_3, V_2, V_6, V_7, V_4, V_5, V_8$ 等多种序列。

对于连通图和强连通图，用邻接链表作为存储结构，广度优先搜索遍历的算法设计如下。在算法中设一数组 visited，数组长度为图的顶点数，初值均置为 0，表示顶点均未被访问，当 V_i 被访问过后，即将 visitsd 对应分量置为 1。广度优先搜索遍历中，在从邻接点出发依次访问它们的各个未被访问的邻接点时，邻接点出发的次序按“先被访问的先出发”的原则，所以要设一辅助队列来管理邻接点出发的次序。

```
void bfs(ADJGRAPH adjg, int vi)
{
int visited[MAXLEN];
int i, v;
EDGENODE *p;
LINKQUEUE que, *q;

q = &que;
initlinkqueue(q);
for (i=0; i<adjg.vexnum;i++)
     visited [i]=0;
visited [vi-1]=1;
printf("%4d", adjlist[vi-1].vertex);
enlinkqueue(q,vi );
while(! emptylinkqueue(q))
   {v = dellinkqueue(q);
    v--;
    p = adjg.adjlist[v].link;
    while(p != NULL)
         {if(visited[p->adjvex] == 0)
              {visited[p->adjvex] = 1;
               printf("%4d", adjg.adjlist [p->adjvex].vertex);
               enlqueue(q, (p->adjvex)+1);}
         p=p->next;}}
}
```

7.4 图的应用

7.4.1 生成树和最小生成树

前面已介绍过，对给定的连通图 G，其极小连通子图是 G 的生成树。生成树中包含了

连通图 G 中的所有的顶点和 $n-1$ 条边。

具有 n 个顶点的连通图 $G=(V,E)$，可从 G 的任一顶点出发，作一次深度优先搜索或广度优先搜索，就可将 G 的所有顶点都访问到。在搜索过程中，从一个已访问过的顶点 V_i 到下一个要访问的顶点 V_j 必定要经过 G 中的一条边 (V_i,V_j)，由于图中的每一个顶点只访问一次，初始出发点的访问和边无关，因此搜索过程中共经过 $n-1$ 条边，而正是这 $n-1$ 条边将 G 中 n 个顶点连接成 G 的极小连通子图，该极小连通子图就是 G 的一棵生成树。具有 n 个顶点的连通图 G 的生成树不一定是唯一的。

生成树有许多重要的应用。例如，在 n 个城市之间建立通信网络，则连通 n 个城市只需要 $n-1$ 条线路，这是一个生成树概念的应用问题。如何构造一个造价最低的通信网络呢？在 n 个城市之间，最多可能设置的直接线路是 $n(n-1)/2$ 条，每一条线路都有一个造价预算，如何在这些可能的线路中选择 $n-1$ 条以使总的耗费最少而又实现通信网络呢？

可以用连通网表示 n 个城市及 n 个城市之间可能设置的通信线路，其中顶点表示城市，边表示两城市之间的通信线路，边上的权值表示线路造价预算。n 个顶点的连通网可以有多个生成树，每一棵生成树都可以是一个通信网络。一棵生成树的代价定义为生成树上各边权值之和。要选择一棵总耗费最少的生成树是我们要解决的问题。这就是构造最小生成树(minimun cost spanning tree)的问题，简称最小生成树问题。

构造连通网的最小生成树有多种算法，下面介绍著名的 Prim(普里姆)算法。设 $G=(V,E)$ 是连通网，构造的最小生成树为 $T=(U,TE)$，求 T 的算法的中文描述如下：

(1) 初始化 $U=\{u_0\}$，$TE=\{\}$，u_0 为网中任一顶点；

(2) 在所有 $u\in U$，$v\in(V-U)$ 的边 $(u, v)\in E$ 中，找一条权最小的边 (u_i,v_i)，$TE+\{(u_i,v_i)\}\Rightarrow TE$，$\{v_i\}+U\Rightarrow U$；

(3) 如果 $U=V$，则算法结束，否则重复(2)。

图 7.13 给出了求一个连通网的最小生成树的过程。连通网如图 7.13(a)所示。

(1) 初始过程从 $u_0=1$ 开始，$V=\{1,2,3,4,5,6\}$，$U=\{1\}$，$V-U=\{2,3,4,5,6\}$，$TE=\{\}$。

(2) 在以顶点 1 为出发点，顶点 2,3,4,5,6 为终止点的边中，将权最小的边(1,3)作为最小生成树的第一条边加入 TE，顶点 3 加入 U。则 $U=\{1,3\}$，$TE=\{(1,3)\}$，$V-U=\{2,4,5,6\}$，如图 7.13(b)所示。

(3) 在以顶点 1,3 为出发点，顶点 2,4,5,6 为终止点的边中，将权最小的边(3,6)作为最小生成树的第二条边加入 TE，顶点 6 加入 U。则 $U=\{1,3,6\}$，$TE=\{(1,3),(3,6)\}$，$V-U=\{2,4,5\}$，如图 7.13(c)所示。

(4) 在以顶点 1,3,6 为出发点，顶点 2,4,5 为终止点的边中，将权最小的边(6,4)作为最小生成树的第三条边加入 TE，顶点 4 加入 U。则 $U=\{1,3,6,4\}$，$TE=\{(1,3),(3,6),(6,4)\}$，$V-U=\{2,5\}$，如图 7.13(d)所示。

(5) 在以顶点 1,3,6,4 为出发点，顶点 2,5 为终止点的边中，将权最小的边(3,2)作为最小生成树的第四条边加入 TE，顶点 2 加入 U。则 $U=\{1,3,6,4,2\}$，$TE=\{(1,3),(3,6),(6,4),(3,2)\}$，$V-U=\{5\}$，如图 7.13(e)所示。

(6) 在以顶点 1,3,6,4,2 为出发点，顶点 5 为终止点的边中，将权最小的边(2,5)作为最小生成树的第五条边加入 TE，顶点 5 加入 U。则 $U=\{1,3,6,4,2,5\}$，$TE=\{(1,3),(3,6),(6,4),(3,2),(2,5)\}$，$V-U=\{\}$，如图 7.13(f)所示。

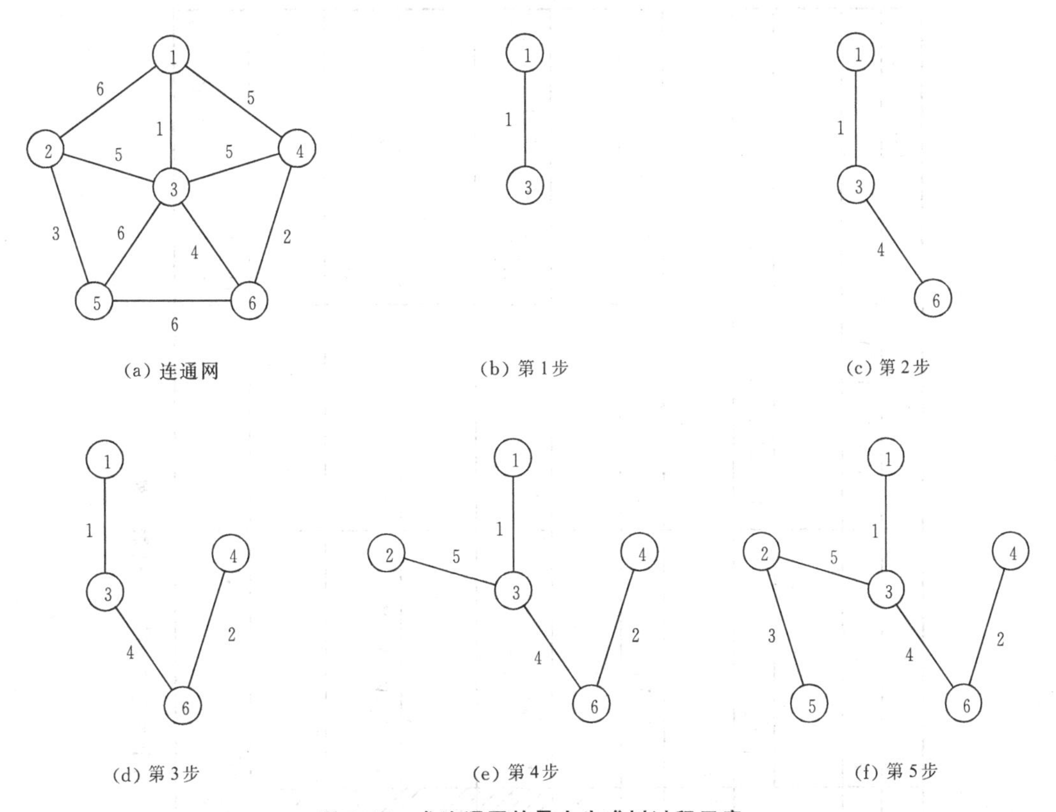

图 7.13　求连通网的最小生成树过程示意

(7) $U=V$，算法结束，$U=\{1,3,6,4,2,5\}$，$TE=\{(1,3),(3,6),(6,4),(3,2),(2,5)\}$，$T=(U,TE)$是连通网的最小生成树。

图 7.14 是用列表的方式表示生成最小生成树的过程。

7.4.2　拓扑排序

一个无环的有向图称作有向无环图(directed acycline graph)，简称 DAG 图。有向无环图是描述工程或系统进程的有效工具。几乎所有的工程都可分为若干个子工程，这些子工程之间有时存在着一定的先决条件约束，即有些子工程必须在其他子工程完成以后方可开始实施，而有些子工程没有这样的约束关系。又如大学里某个专业的课程学习，有些课程可独立于其他课程，即无前导课程，有些课程必须在它的前导课程学完以后才能开始学习。

可以用有向图来描述工程中子工程的先后关系及进行过程，或描述大学中某专业所学的所有课程之间的先后关系和整个课程安排过程。表 7.1 列出了计算机软件专业的学生所学的一些课程，图 7.15 用有向图表示课程之间的先后关系。这种用顶点表示活动，用弧表示活动之间的优先关系的有向图称为 AOV 网(activity on vertex network)。

	V_2	V_3	V_4	V_5	V_6	U	$V-U$	TE
初始状态						$\{V_1\}$	$\{V_2,V_3,V_4,V_5,V_6\}$	
第一步	(V_1,V_2) 6	(V_1,V_3) 1	(V_1,V_4) 5	(V_1,V_5) ∞	(V_1,V_6) ∞			
						$\{V_1,V_3\}$	$\{V_2,V_4,V_5,V_6\}$	(V_1,V_3)
第二步	(V_3,V_2) 5		(V_3,V_4) 5	(V_3,V_5) 6	(V_3,V_6) 4			
						$\{V_1,V_3,V_6\}$	$\{V_2,V_4,V_5\}$	(V_1,V_3) (V_3,V_6)
第三步	(V_6,V_2) ∞		(V_6,V_4) 2	(V_6,V_5) 6				
						$\{V_1,V_3,V_6,V_4\}$	$\{V_2,V_5\}$	(V_1,V_3) (V_3,V_6) (V_6,V_4)
第四步	(V_4,V_2) ∞			(V_4,V_5) ∞				
						$\{V_1,V_3,V_6,V_4,V_2\}$	$\{V_5\}$	(V_1,V_3) (V_3,V_6) (V_6,V_4) (V_3,V_2)
第五步				(V_2,V_5) 3				
						$\{V_1,V_3,V_6,V_4,V_2,V_5\}$	$\{\ \}$	(V_1,V_3) (V_3,V_6) (V_6,V_4) (V_3,V_2) (V_2,V_5)

图 7.14　最小生成树生成过程列表示例

表 7.1 软件专业的学生必须学习的课程

课程编号	课程名称	先决条件	课程编号	课程名称	先决条件
C_1	程序设计基础	无	C_7	编译原理	C_5，C_3
C_2	离散数学	C_1	C_8	操作系统	C_3，C_6
C_3	数据结构	C_1，C_2	C_9	高等数学	无
C_4	汇编语言	C_1	C_{10}	线性代数	C_9
C_5	语言的设计和分析	C_3，C_4	C_{11}	普通物理	C_9
C_6	计算机原理	C_{11}	C_{12}	数值分析	C_9，C_{10}，C_1

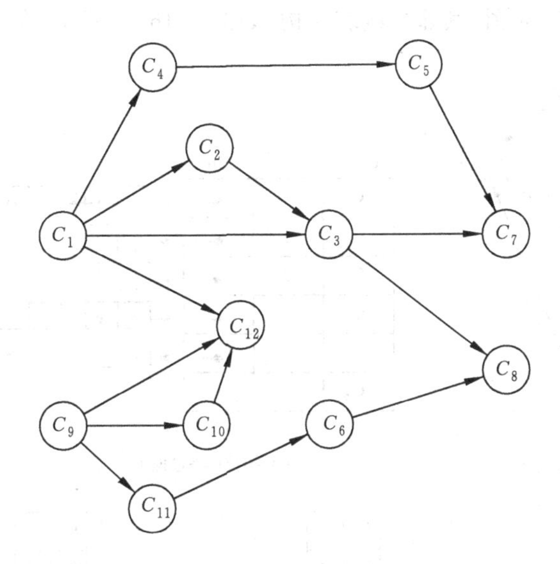

图 7.15 表示课程之间优先关系的有向图

在 AOV 网中，不应该出现有向环路，因为环路表示顶点之间的先后关系进入了死循环，如果图 7.15 中的有向图出现有向环路，则课表将无法编排。因此对给定的 AOV 网首先要判定网中是否存在环路，只有有向无环图在应用中才有实际意义。可以对有向图进行拓扑排序(topological sort)来检测图中是否存在环路。

拓扑排序同时还得到一个有向图的拓扑序列。设 $G=(V,E)$是一个具有 n 个顶点的有向图，V 中顶点的序列必须满足下列条件方可称为有向图的拓扑序列：若在有向图 G 中，从顶点 V_i 到顶点 V_j 有一条路径，则在序列中顶点 V_i 排在顶点 V_j 之前。若在有向图 G 中，顶点 V_i 到顶点 V_j 没有路径，则在序列中给这两个顶点安排一个先后次序。若有向图 G 所有的顶点都在拓扑序列之中，则 AOV 网中必定不存在环。

实现一个有向图的拓扑序列的过程称为拓扑排序。

可以证明，任何一个有向无环图，其全部顶点都可以排成一个拓扑序列，而其拓扑序列不一定是唯一的。例如图 7.15 的有向图可以有如下两个拓扑序列：

$$(C_1, C_2, C_3, C_4, C_5, C_7, C_9, C_{10}, C_{11}, C_6, C_{12}, C_8)$$

$$(C_9, C_{10}, C_{11}, C_6, C_1, C_{12}, C_4, C_2, C_3, C_5, C_7, C_8)$$

在其所有的拓扑序列中，C_2 必在 C_7 之前，C_1 和 C_6 因它们之间无优先关系，也就是无路径存在，所以对一个确定的拓扑序列，也给它们安排一个先后次序，C_1 可以在 C_6 后面，也可以在 C_6 之前。

下面是拓扑排序算法的中文描述：

(1) 在有向图中选择一个入度为 0 的顶点，输出该顶点；

(2) 从图中删除该顶点和所有以它为始点的弧；

(3) 重复执行(1)、(2)直到找不到入度为 0 的顶点时，拓扑排序完成。

如果图中仍有顶点存在，却没有入度为 0 的顶点，这说明此 AOV 网中有环路，该流程图还需修改。

图 7.16(a)是一有向图，其邻接链表结构，如图 7.16(b)所示，在表头向量中增加了一

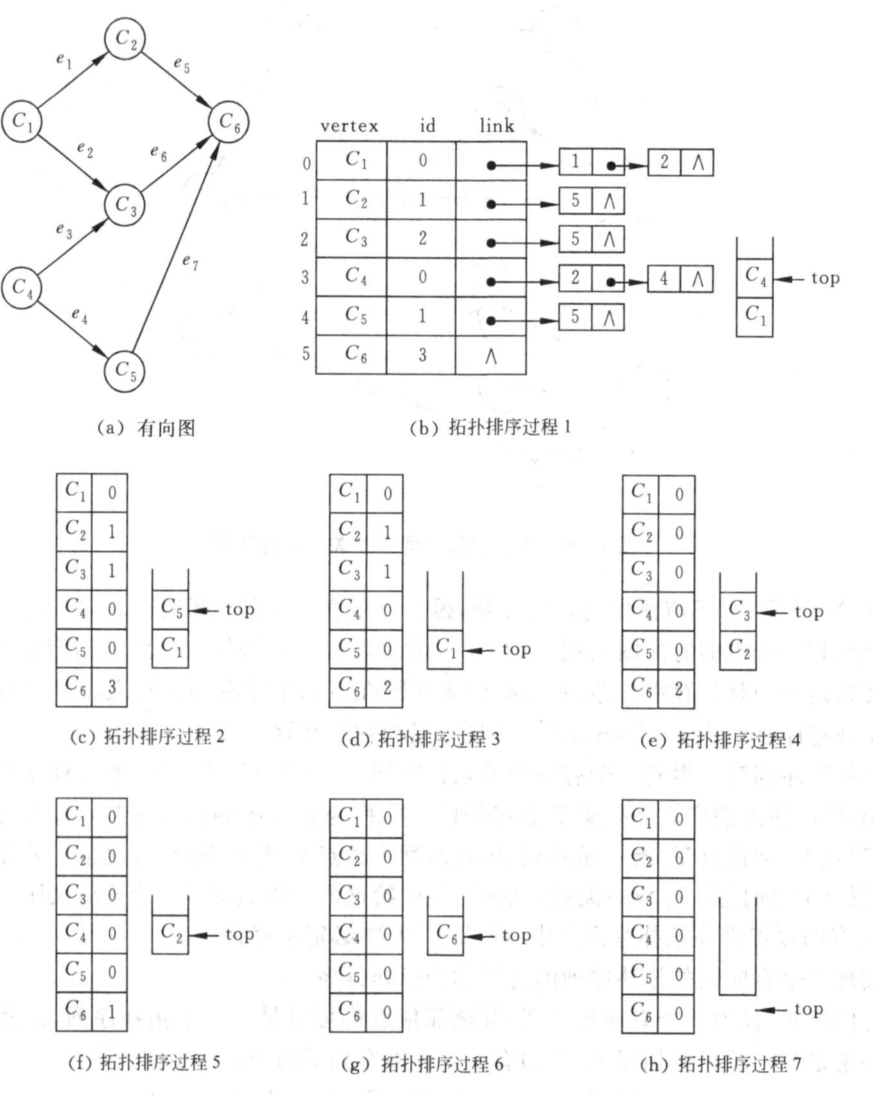

图 7.16 拓扑排序过程示意图

个域id,用来存放图中各顶点的入度;实现拓扑排序可设一个栈,用来存放入度为0的顶点。下面跟踪描述拓扑排序的全过程:

(1) 将入度为0的顶点压栈,如图7.16(b)所示;

(2) 取栈顶元素C_4,输出C_4,删除C_4和所有以它为始点的弧e_3,e_4,C_3的入度减1,C_5的入度减1,C_5的入度变为0,C_5入栈,如图7.16(c)所示;

(3) 取栈顶元素C_5,输出C_5,删除C_5和所有以它为始点的弧e_7,C_6的入度减1,如图7.16(d)所示;

(4) 取栈顶元素C_1,输出C_1,删除C_1和所有以它为始点的弧e_1,e_2,C_2的入度减1,C_2的入度变为0,C_2入栈,C_3的入度减1,C_3的入度变为0,C_3入栈,如图7.16(e)所示;

(5) 取栈顶元素C_3,输出C_3,删除C_3和所有以它为始点的弧e_6,C_6的入度减1,如图7.16(f)所示;

(6) 取栈顶元素C_2,输出C_2,删除C_2和所有以它为始点的弧e_5,C_6的入度减1,C_6的入度为0,C_6入栈,如图7.16(g)所示;

(7) 取栈顶元素C_6,输出C_6,删除C_6,没有以它为始点的弧,栈空,如图7.16(h)所示;

(8) 栈空,算法结束。拓扑序列是:C_4,C_5,C_1,C_3,C_2,C_6。

7.4.3 最短路径

以带权有向图为数据结构,求最短路径(shortest path)是个很有实际应用价值的问题。交通网络可以看成是带权的图,图中顶点表示城市,边代表城市之间的公路,边上的权值表示公路的长度。对于这样的交通网络,常常关心以下问题:两城市之间是否有公路可通?有几条公路可通?哪一条路径最短?这儿路径最短的概念可以理解为路径经过的边上所带权值总和最小。

如果边上的权表示行驶该公路的时间,而两城市的海拔高度不同,例如A城市有条公路通到B城市,A城市海拔高于B城市,考虑上坡下坡的车速不同,则边<A, B>和<B, A>上表示行驶时间的权值也不同,考虑到交通网络的这种有向性,我们下面重点讨论有向网络的最短路径(时间)问题。

设一有向网络$G=(V,E)$,如图7.17所示,求以某顶点V_0为源点,到图中其他各顶点的最短路径。迪杰斯特拉(Dijkstra)提出了一个按路径长度递增的顺序产生最短路径的方法,此方法的基本思想是:把图中所有顶点分成两组,第一组S包括已确定最短路径的顶点,初始时只含有源点;第二组$V-S$包括尚未确定最短路径的顶点,初始时含有图中除源点外的所有其他顶点。按路径长度递增的顺序计算源点到各顶点的最短路径,逐个把第二组中的顶点加到第一组中去,直至$S=V$。

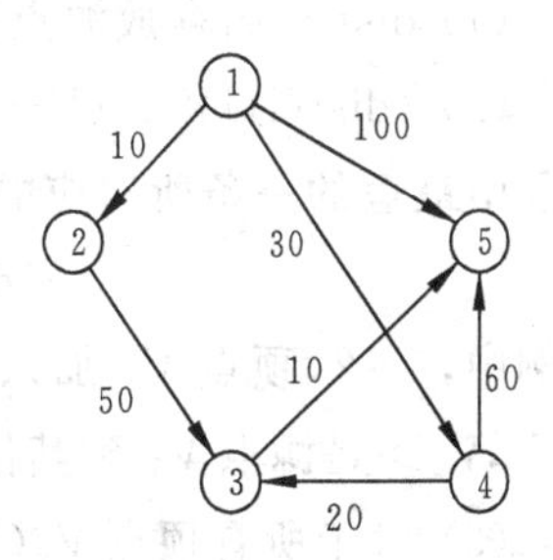

图7.17 有向网

按照"路径长度递增顺序"产生最短路径的含义是:从源点V_0到其他顶点的最短路

径中，最短的一条首先求得，再求得从源点 V_0 到其他各顶点的最短路径中次短的一条路径，以此顺序产生从源点 V_0 到各顶点的最短路径。

对于图 7.17，假设源点为顶点 V_1，则初始状态 $S=\{V_1\}$，求得结果为：

$V_1 \rightarrow V_2$	$<V_1, V_2>$	10
$V_1 \rightarrow V_4$	$<V_1, V_4>$	30
$V_1 \rightarrow V_3$	$<V_1, V_4>, <V_4, V_3>$	50
$V_1 \rightarrow V_5$	$<V_1, V_4>, <V_4, V_3>, <V_3, V_5>$	60

在产生最短路径的过程中，V_2, V_4, V_3, V_5 依次进入 S 集合，当 $S=\{V_1, V_2, V_4, V_3, V_5\}=V$ 时，从 V_1 源点到各顶点的最短路径都已得到，整个过程结束。

下面介绍算法实现的思路：

有向图用邻接矩阵 cost[ ]表示，其中规定：① 两个顶点之间无直接路径，即 $<V_i, V_j>$ 弧不存在的，矩阵中对应权值为 ∞；② 两个顶点之间有直接路径 $<V_i, V_j>$ 的，矩阵中的权值就是 $<V_i, V_j>$ 弧对应的公路长度；③ $<V_i, V_i>$ 对应的值为 0。

S 集合初始存放求最短路径的源点，计算过程中将已确定了最短路径的顶点加入到 S 中去。

dist 数组最终存放源点到各顶点的最短路径结果。

path 数组最终存放源点到各顶点的最短路径经过的顶点。

对于上述例子，算法结束时，S，dist，path 中的数据为：

$S=\{V_1, V_2, V_4, V_3, V_5\}$

dist[1]=0	path[1]= $\{V_1, V_1\}$
dist[2]=10	path[2]= $\{V_1, V_2\}$
dist[3]=50	path[3]= $\{V_1, V_4, V_3\}$
dist[4]=30	path[4]= $\{V_1, V_4\}$
dist[5]=60	path[5]= $\{V_1, V_4, V_3, V_5\}$

计算最短路径步骤如下：

(1) dist 初始存放源点到各顶点的权值。

(2) $\{\text{dist(i)} \mid V_i \in (V-S)\}$ 中最小值对应的顶点就是从源点 V_1 到其他顶点的最短路径中最短的一条所对应的顶点，即

$$\text{dist(j)} \Leftarrow \min\{\text{dist(i)} \mid V_i \in (V-S)\}$$

该例中，$j=2$，顶点 V_2 加入 S 集合，第一条最短路径 $<V_1, V_2>$ 产生。从推理可证明，$<V_1, V_2>$ 是源点 V_1 到其他顶点的最短路径中最短的一条。

(3) 对于所有顶点 $V_k(V_k \in (V-S))$，修改 dist[k]值：

$$\min(\text{dist[k]}, \text{dist[j]}+\text{cost[j,k]}) \Rightarrow \text{dist[k]}$$

再在修改后的 dist[k]$(V_k \in (V-S))$ 中进行第二步，求得第二个 j，顶点 V_j 加入 S 集合中，第二条最短路径产生。重复(2)，(3)，直至求得从源点 V_1 到各顶点的最短路径为止。

图 7.18 是迪杰斯特拉(Dijkstra) 算法动态运行过程的列表说明。

	path [1]	path [2]	path [3]	path [4]	path [5]	dist [1] [2] [3] [4] [5]	S	j	dist[j]+cost[j,i] $i \in V-S$
初始	{}	$\{V_1,V_2\}$	{}	$\{V_1,V_4\}$	$\{V_1,V_5\}$	0 10 ∞ 30 100	$\{V_1\}$		
第一条							$\{V_1,V_2\}$	2	$<V_1,V_2>+cost[2,3]=60$ $<V_1,V_2>+cost[2,4]=\infty$ $<V_1,V_2>+cost[2,5]=\infty$
第二条	{}	$\{V_1,V_2\}$	$\{V_1,V_2,V_3\}$	$\{V_1,V_4\}$	$\{V_1,V_5\}$	0 10 60 30 100			
							$\{V_1,V_2,V_4\}$	4	$<V_1,V_4>+cost[4,3]=50$ $<V_1,V_4>+cost[4,5]=90$
第三条	{}	$\{V_1,V_2\}$	$\{V_1,V_4,V_3\}$	$\{V_1,V_4\}$	$\{V_1,V_4,V_5\}$	0 10 50 30 90			
							$\{V_1,V_2,V_4,V_3\}$	3	$<V_1,V_4,V_3>+cost[3,5]=60$
第四条	{}	$\{V_1,V_2\}$	$\{V_1,V_4,V_3\}$	$\{V_1,V_4\}$	$\{V_1,V_4,V_3,V_5\}$	0 10 50 30 60			
							$\{V_1,V_2,V_4,V_3,V_5\}$	5	

图 7.18 求最短路径 Dijkstra 算法动态运行过程示例

7.5 应用举例及分析

例 7-1 参照建立有向图的邻接链表的算法，写出下列算法：

(1) 建立有向图的逆邻接链表结构

```
ADJGRAPH creat_adjgraph()
{
EDGENODE *p;
int i, s, d;
ADJGRAPH adjg;

adjg.kind = 1;
printf("请输入顶点数和边数:");
scanf("%d,%d", &s, &d);
adjg.vexnum = s;
adjg.arcnum = d;
for(i = 0; i < adjg.vexnum; i++)
   {printf(" 第 %d 个顶点信息:", i + 1);
    scanf("%d", &adjg.adjlist[i].vertex);
    adjg.adjlist[i].link = NULL;}
for(i = 0; i < adjg.arcnum; i++)
   {printf("第 %d 条边的起始顶点编号和终止顶点编号:", i + 1);
    scanf("%d,%d", &s, &d);
    while(s < 1 || s > adjg.vexnum || d < 1 || d > adjg.vexnum)
     { printf("    编号超出范围,重新输入:");
       scanf("%d,%d", &s, &d);}
```

```
        s --;
        d --;
        p = malloc(sizeof(EDGENODE));
        p->adjvex = s;
        p->next = adjg.adjlist[d].link;
        adjg.adjlist[d].link = p;}
return adjg;
}
```

如果对图 7.1 的 $G1$ 有向图中的顶点和边编号，如图 7.19 所示，运行上面算法得到的有向图逆邻接链表结构示意图如图 7.11(b)所示，如果对图 7.1 的 $G1$ 有向图中的顶点和边编号如图 7.20 所示，则得到的有向图逆邻接链表结构示意图如图 7.21 所示，由此可看到，一个有向图对应的邻接链表或逆邻接链表的存储结构可以不唯一，它取决于顶点和边的编号以及各边的输入次序。

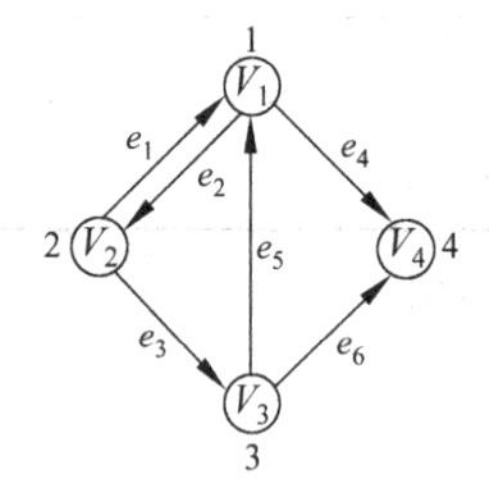

图 7.19　对图 7.1 的有向图中的顶点和边编号

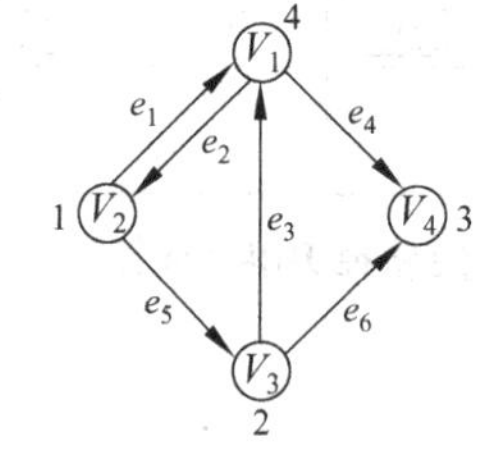

图 7.20　对图 7.1 的有向图中的顶点和边的另外一种编号

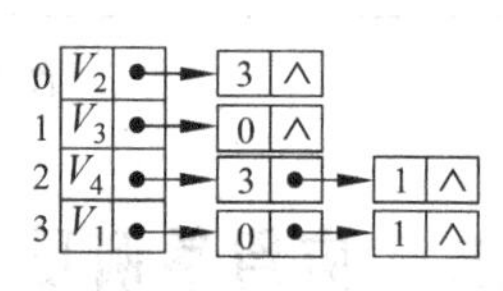

图 7.21　由图 7.20 得出的有向图的逆邻链表

(2) 建立无向图的邻接链表结构

```
ADJGRAPH creat_adjgraph()
{
EDGENODE * p;
int i, s, d;
ADJGRAPH adjg;

adjg.kind = 1;
printf("请输入顶点数和边数:");
scanf("%d,%d", &s, &d);
adjg.vexnum = s;
adjg.arcnum = d;
for(i = 0; i < adjg.vexnum; i++)
   {printf(" 第 %d 个顶点信息:", i + 1);
    scanf("%d", &adjg.adjlist[i].vertex);
    adjg.adjlist[i].link = NULL;}
for(i = 0; i < adjg.arcnum; i++)
   {printf("第 %d 条边的起始顶点编号和终止顶点编号:", i + 1);
    scanf("%d,%d", &s, &d);
    while(s < 1 || s > adjg.vexnum || d < 1 || d > adjg.vexnum)
       { printf("     编号超出范围,重新输入:");
        scanf("%d,%d", &s, &d);}
```

```
        s --;
        d --;
        p = malloc(sizeof(EDGENODE));
        p->adjvex = d;
        p->next = adjg.adjlist[s].link;
        adjg.adjlist[s].link = p;}
        p = malloc(sizeof(EDGENODE));
        p->adjvex = s;
        p->next = adjg.adjlist[d].link;
        adjg.adjlist[d].link = p;}
return adjg;
}
```

一个无向图对应的邻接链表存储结构也是不唯一的，它取决于顶点和边的编号以及各边的输入次序。读者可自己验证。

例 7-2 在以邻接矩阵为结构的有向图上，编写算法，删除某个给定顶点 i。

从有向图中删除某个给定顶点还必须删除所有与该顶点相关的边，算法步骤如下：

(1) 从邻接矩阵中求出与第 i 个顶点相关的边的数目 m，并将图的边数目减 m。

(2) 将邻接矩阵中第 $i+1$ 行之后的所有元素前移一行，第 $i+1$ 列之后的所有元素前移一列。

(3) 从存放顶点信息的数组中删除第 i 个顶点，并将顶点数减 1。

算法如下：

```
void mdelvex (MGRAPH *g, int i )
{
    int m, j, k;
    if ( i < 0 || i >= g->vexnum)
    {
      printf ("顶点不存在\n");
      return;
    }
    m = 0;
    for ( j = 0; j < g->vexnum; j ++ )
    {
      if (g->arcs[i][j] != 0 )
          m ++;
      if (g->arcs[j][i] != 0)
          m ++;
    }
    g->arcnum = g->arcnum - m;
    for ( j = i ; j < g->vexnum; j ++)
      for (k = 0; k < g->vexnum; k ++)
          g->arcs[j-1][k] = g->arcs[j][k];
    for ( j = i ; j < g->vexnum; j ++)
      for (k = 0; k < g->vexnum-1; k ++)
          g->arcs[k][j-1] = g->arcs[k][j];
```

```
    for (j = i ; j < g->vexnum; j ++)
        g->vexs[j-1] = g->vexs [j];
    g->vexnum --;
}
```

例 7-3 一个有向图如图 7.22 所示，完成以下操作：

(1) 给出从顶点 1 出发的深度优先遍历序列和广度优先遍历序列。

(2) 给出一个拓扑排序序列。

从顶点 1 出发的深度优先遍历序列：1,2,3,8,4,5,7,6。

从顶点 1 出发的广度优先遍历序列：1,2,6,4,3,5,7,8。

拓扑排序序列：1,2,4,6,5,3,7,8 或 1,6,2,4,5,3,7,8。

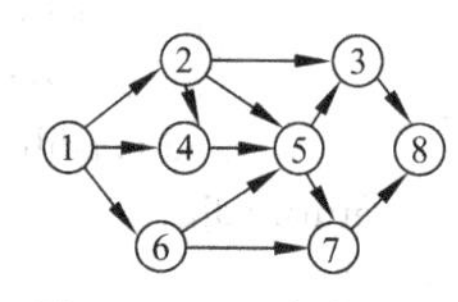

图 7.22 一个有向图

例 7-4 拓扑排序实用程序。

有向图用邻接链表结构存储。程序首先建立有向图的邻接链表，在此结构上，实现对有向图的拓扑排序，并输出结果。

```
#include "stdio.h"
#include "alloc.h"
#define MAXLEN 40                    //有向图顶点最大数目
#define VEXTYPE int                  //有向图顶点类型

typedef struct gnode                 //每条弧对应一个结点
{   int adjvex;
    struct gnode * next;
}EDGENODE;

typedef struct
{   int id;                          //顶点的入度
    VEXTYPE vextex;                  //顶点的信息
    EDGENODE * link;                 //每个顶点对应一单链表
}VEXNODE;

typedef struct
{   VEXNODE adjlist[MAXLEN];         //邻接链表
    int vexnum,arcnum;               //有向图的顶点数目、弧数目
    int kind;                        //有向图的 kind = 1
}ADJGRAPH;

ADJGRAPH creat_adjgraph()
{
   EDGENODE * p;
   int i,s,d;
   ADJGRAPH adjg;

   adjg.kind = 1;
   printf("请输入顶点数和边数:");
   scanf("%d,%d", &s, &d);
   adjg.vexnum = s;
```

```
  adjg.arcnum = d;
  for(i = 0; i < adjg.vexnum; i++)       //邻接链表顶点初始化
     {  printf("第 %d 个顶点信息:", i + 1);
        getchar();
        scanf("%d", &adjg.adjlist[i].vertex);
        adjg.adjlist[i].link = NULL;
        adjg.adjlist[i].id = 0;}
  for(i = 0; i < adjg.arcnum; i++)       //每条弧的信息初始化
     {  printf("第 %d 条边的起始顶点编号和终止顶点编号:", i + 1);
        scanf("%d,%d",&s,&d);
        while(s < 1 || s > adjg.vexnum || d < 1 || d > adjg.vexnum)
           {  printf(" 编号超出范围,重新输入:");
          scanf("%d,%d", &s, &d);}
        s --;
        d --;
        p = malloc(sizeof(EDGENODE));//每条弧对应生成一个结点
        p->adjvex = d;
        p->next = adjg.adjlist[s].link; //结点插入对应的链表中
        adjg.adjlist[s].link = p;
        adjg.adjlist[d].id++;             //弧对应的终端顶点入度加 1
        }
  return adjg;
}

void topsort(ADJGRAPH ag)
//拓扑排序过程
{
  int i, j, k, m, n, top;
  EDGENODE *p;

  n = ag.vexnum;
  top = -1;
  for(i = 0; i < n; i++)                  //将入度为 0 的顶点压入一个链栈,top 指向栈顶结点
    if(ag.adjlist[i].id == 0)             //这是一个利用 id 为 0 的域链接起来的寄生栈
       {ag.adjlist[i].id = top;
        top = i;}
  m = 0;
  while(top != -1)                        //当栈不空时,进行拓扑排序
     {j = top;
     top = ag.adjlist[top].id;
     printf("%3c", ag.adjlist[j].vertex); //输出栈顶元素并删除栈顶元素
     m++;
     p = ag.adjlist[j].link;
     while(p != NULL)
        {  k = p->adjvex;
           ag.adjlist[k].id--;            //删除相关的弧
           if (ag.adjlist[k].id == 0)     //出现新的入度为 0 的顶点,将其入栈
              {ag.adjlist[k].id = top;
              top = k;}
```

```
            p = p->next;}
        }
    if(m < n)
      printf("\n 网中有环！\n");      //拓扑排序过程中输出的顶点数<有向图中的顶点数
    }

    main()
    {
      ADJGRAPH ag;

      ag = creat_adjgraph();
      topsort(ag);
  }
```

例 7-5 求最短路径实用程序。

有向网用邻接矩阵结构存储。程序首先建立有向网的邻接矩阵，在此结构上，计算从指定顶点出发到其他各顶点的最短路径，并输出结果。

```
#include "datastru.h"
#include "stdio.h"
#include "alloc.h"
#define MAX 10000

MGRAPH create_mgraph()
{
  int i, j, k, h;
  char b, t;
  MGRAPH mg;

  mg.kind = 3;
  printf("请输入顶点数和边数:");
  scanf("%d,%d", &i, &j);
  mg.vexnum = i;
  mg.arcnum = j;
  for(i = 0; i < mg.vexnum; i++)
     {getchar();
      printf(" 第 %d 个顶点信息:", i + 1);
      scanf("%d", &mg.vexs[i]);}
  for(i = 0; i < mg.vexnum; i++)
    for(j = 0; j < mg.vexnum; j++)
      mg.arcs[i][j] = MAX;
  for(k = 1; k <= mg.arcnum; k++)
    {  printf("\n 第 %d 条边的起始顶点编号和终止顶点编号:", k);
    scanf("%d,%d", &i, &j);
    while(i < 1 || i > mg.vexnum || j < 1 || j > mg.vexnum)
       {printf(" 编号超出范围，重新输入:\n\t");
        scanf("%d,%d",&i,&j);}
    printf("此边的权值:");
    scanf("%d", &h);
    mg.arcs[i - 1][j - 1] = h;}
```

```
    return mg;
}

main()
{
    MGRAPH mg;
    int cost[MAXLEN][MAXLEN];
    int path[MAXLEN], s[MAXLEN];
    int dist[MAXLEN];
    int i, j, n, v0, min, u;

    mg = create_mgraph();                  //建立有向图的邻接矩阵结构
    printf("请输入开始顶点的编号:");         //有向图中顶点的编号从1编起
    scanf("%d", &v0);
    v0 --;
    n = mg.vexnum;
    for(i = 0; i < n; i++)                 //cost矩阵初始化
       {for(j = 0; j < n; j++)
          cost[i][j] = mg.arcs[i][j];
          cost[i][i] = 0;}
    for(i = 0; i < n; i++)
       {dist[i] = cost[v0][i];
       if(dist[i] < MAX && dist[i] > 0)    //dist数组初始化
          path[i] = v0;}                   //path数组初始化
    for(i = 0; i < n; i++)
         s[i] = 0;                         //s数组初始化
    s[v0] = 1;
    for(i = 0; i < n; i++)                 //按最短路径递增算法计算
      {  min = MAX ;
      u = v0;
      for(j = 0; j < n; j++)
        if (s[j] == 0 && dist[j] < min)
          {min = dist[j];
          u = j;}
      s[u] = 1;                            //u顶点是求得最短路径的顶点编号
      for(j = 0; j < n; j++)
        if (s[j] == 0 && dist[u] + cost[u][j] < dist[j])      //调整dist
            {dist[j] = dist[u] + cost[u][j];
            path[j] = u;}                  //path记录了路径经过的顶点
        }
      for(i = 0; i < n; i++)               //打印结果
         if(s[i] == 1)
          {u = i;
          while(u != v0)
             {printf("%d <- ", u + 1);
             u = path[u];}
          printf("%d ", u + 1);
          printf(" d = %d\n", dist[i]);    //有路径
          }
```

```
        else
            printf("%d <- %d d= X\n", i + 1, v0 + 1);      //无路径
    }
```

习　题

7-1　画出无向图 7.23 的邻接矩阵和邻接链表示意图，并写出每个顶点的度。

7-2　画出有向图 7.24 的邻接矩阵、邻接链表和逆邻接链表示意图，并写出每个顶点的入度和出度。

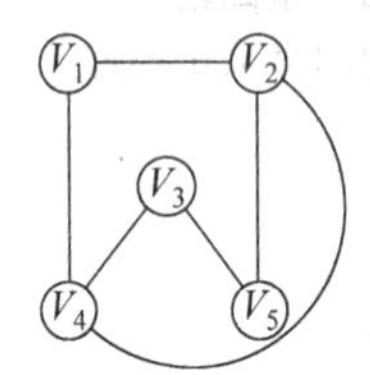

图 7.23　题 7-1 的图

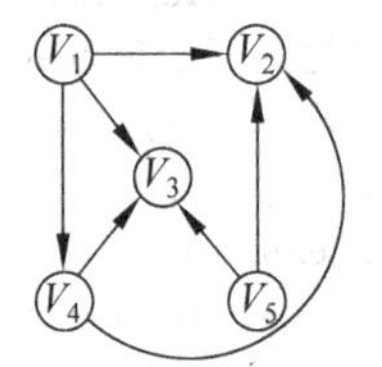

图 7.24　题 7-2 的图

7-3　对应图 7.25，写出从 V_1 出发深度优先搜索遍历结果和广度优先搜索遍历结果各 3 个。

7-4　求图 7.26 的连通分量。

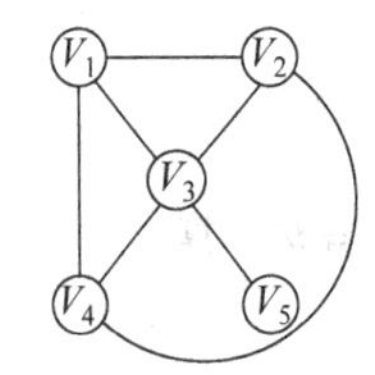

图 7.25　题 7-3 的图

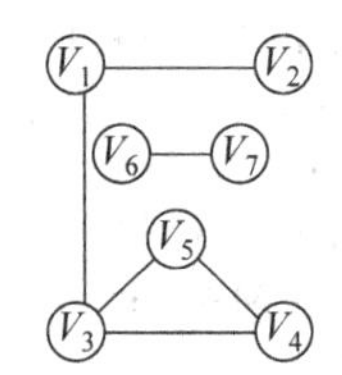

图 7.26　题 7-4 的图

7-5　画出图 7.27 的生成最小生成树的过程示意图。

7-6　叙述对有向无环图求拓扑排序序列的步骤，并写出图 7.28 有向无环图的 4 个不同的拓扑有序序列。

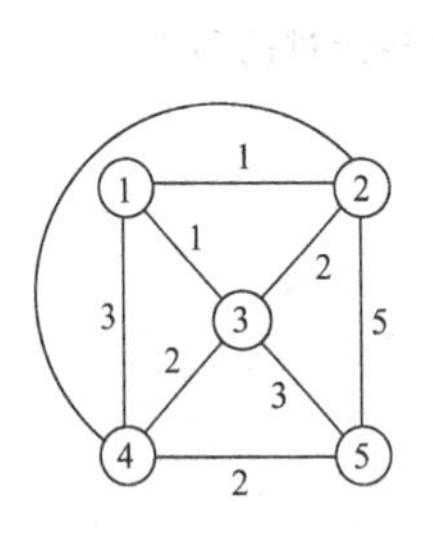

图 7.27　题 7-5 的图

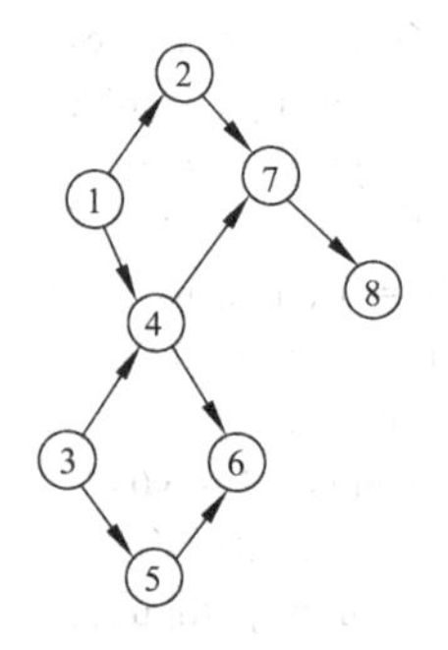

图 7.28　题 7-6 的图

7-7 写出有向无环图 7.29 的所有的拓扑序列。试添加一条弧后，让此图只有唯一一个拓扑序列。

7-8 有 n 个顶点的有向强连通图最多有多少条边？最少有多少条边？

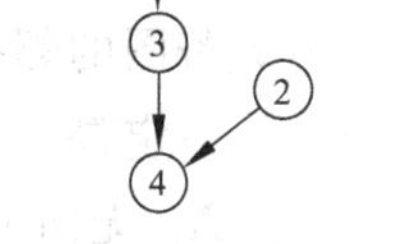

题 7.29 题 7-7 的图

7-9 单项选择题。

(1) 所谓简单路径是指________。

A. 任何一条边在这条路径上不重复出现。

B. 任何一个顶点在这条路径上不重复出现。

C. 这条路径由一个顶点序列构成，不包含边。

D. 这条路径由一个边的序列构成，不包含顶点。

(2) 带权有向图 G 用邻接矩阵 A 存储，则 V_i 的入度等于 A 中________。

A. 第 i 行非∞的元素之和　　B. 第 i 列非∞的元素之和

C. 第 i 行非∞且非 0 的元素个数　　D. 第 i 列非∞且非 0 的元素个数

(3) 无向图的邻接矩阵是一个________。

A. 对称矩阵　　B. 零矩阵

C. 上三角矩阵　　D. 对角矩阵

(4) 一个有 n 个顶点的无向图最多有________条边。

A. n　　B. $n(n-1)$　　C. $n(n-1)/2$　　D. $2n$

(5) 在一个具有 n 个顶点的无向图中，要连通全部顶点至少需要________条边。

A. n　　B. $n+1$　　C. $n-1$　　D. $n/2$

(6) 一个有向图 G 的邻接表存储如图 7.30 所示，现按深度优先搜索遍历，从 v_1 出发，所得到的顶点序列是________。

A. 1,2,3,4,5　　B. 1,2,3,5,4

C. 1,2,4,5,3　　D. 1,2,5,3,4

(7) 对图 7.31 所示的无向图，从顶点 1 开始进行深度优先遍历，可得到顶点访问序列是________。

A. 1,2,4,3,5,7,6　　B. 1,2,4,3,5,6,7

C. 1,2,4,5,6,3,7　　D. 1,2,3,4,5,7,6

(8) 对图 7.31 所示的无向图，从顶点 1 开始进行广度优先遍历，可得到顶点访问序列是________。

A. 1,3,2,4,5,6,7　　B. 1,2,4,3,5,6,7

C. 1,2,3,4,5,7,6　　D. 2,5,1,4,7,3,6

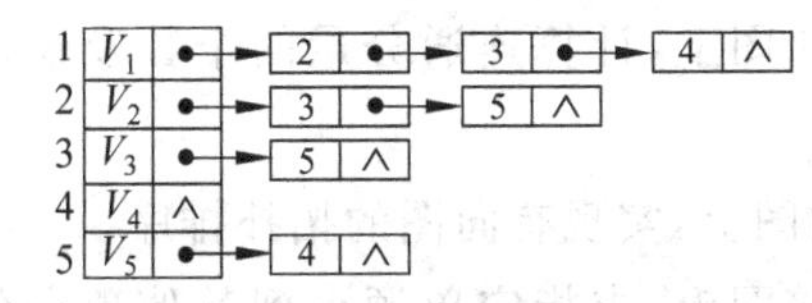

图 7.30 题 7-9 中第 6 小题的图

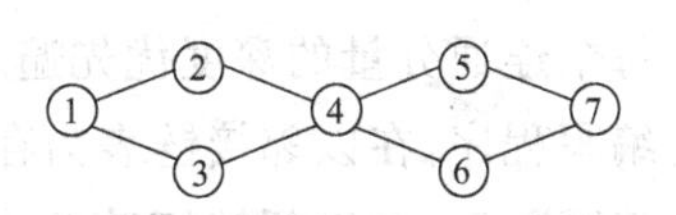

图 7.31 题 7-9 中第 7,8 小题的图

(9) 一个无向连通图的生成树是含有该连通图的全部顶点的________。

A. 极小连通子图　　B. 极小子图

C. 极大连通子图　　D. 极大子图

(10) 若图的邻接矩阵中主对角线上的元素全是0，其余元素全是1，则可以断定该图一定是________。

A. 无向图　　B. 不是带权图　　C. 有向图　　D. 完全图

7-10 判断以下叙述的正确性。

(1) n 个顶点的无向图至多有 $n(n-1)$ 条边。

(2) 在有向图中，各顶点的入度之和等于各顶点的出度之和。

(3) 如果表示有向图的邻接矩阵是对称矩阵，则该有向图一定是完全有向图。

(4) 连通图的生成树包含了图中所有顶点。

(5) 强连通图不能进行拓扑排序。

(6) 只要无向网络中没有权值相同的边，其最小生成树就是唯一的。

(7) 只要无向网络中有权值相同的边，其最小生成树就不可能是唯一的。

(8) 连通分量是无向图中的极小连通子图。

(9) 在一个有向图的拓扑序列中，若顶点 a 在顶点 b 之前，则图中必有一条弧 $<a,b>$。

(10) 有向图的遍历不可采用广度优先搜索方法。

7-11 已知有 m 个顶点的无向图，采用邻接矩阵结构存储，写出下列算法：

(1) 计算图中有多少条边？

(2) 判断任意两个顶点 i 和 j 之间是否有边相连？

(3) 计算任意一个顶点的度是多少？

7-12 参照建立有向网的邻接矩阵的算法，写出下列算法：

(1) 建立有向图邻接矩阵算法。

(2) 建立无向网邻接矩阵算法。

(3) 建立无向图邻接矩阵算法。

7-13 已知一无向图，采用邻接矩阵结构存储，编写一程序，生成无向图的邻接链表结构。

7-14 编写程序，在以邻接链表为存储结构的连通图上，实现连通图的广度优先遍历。

7-15 编写程序，在以邻接链表为存储结构的无向图上，计算连通分量的个数及输出对每个连通分量的广度优先遍历结果。

7-16 编写程序，在以邻接链表为存储结构的连通图上，实现连通图的深度优先遍历。

7-17 编写程序，在以邻接链表为存储结构的无向图上，计算连通分量的个数及输出对每个连通分量的深度优先遍历结果。

7-18 编写程序，在以邻接链表为存储结构的有向图上，实现有向图的拓扑排序。

7-19 编写程序，在以邻接矩阵为存储结构的有向网上，求指定单源点到其他顶点的最短路径。

实 训 题

7-20 有一个带权无向图，其邻阵矩阵的数组表示如图 7.32 所示，试完成下列要求：

$$
\begin{matrix} 1 \\ 2 \\ 3 \\ 4 \\ 5 \\ 6 \\ 7 \\ 8 \end{matrix}
\begin{bmatrix}
0 & 3 & 5 & \infty & \infty & \infty & 9 & \infty \\
3 & 0 & 6 & \infty & \infty & \infty & \infty & 10 \\
5 & 6 & 0 & \infty & \infty & \infty & \infty & 4 \\
\infty & \infty & \infty & 0 & 3 & 6 & \infty & \infty \\
\infty & \infty & \infty & 3 & 0 & 5 & \infty & \infty \\
\infty & \infty & \infty & 6 & 5 & 0 & \infty & \infty \\
9 & \infty & \infty & \infty & \infty & \infty & 0 & 7 \\
\infty & 10 & 4 & \infty & \infty & \infty & 7 & 0
\end{bmatrix}
$$

图 7.32　题 7-20 的图

(1) 写出在该图上从顶点 1 出发进行深度优先遍历的顶点序列。

(2) 画出该图的带权邻接表。

(3) 画出按普里姆算法构造最小生成树(森林)的示意图。

7-21 一个带权无向图如图 7.33 所示，要求：

(1) 画出该图的邻接表存储结构。

(2) 根据该图的邻接表存储结构，从顶点 1 出发，调用 DFS 和 BFS 算法遍历该图，写出遍历序列。

(3) 画出该图的邻接矩阵。

7-22 一个有向图的邻接表存储如图 7.34 所示，要求：

(1) 画出其邻接矩阵存储结构示意图。

(2) 画出图的所有强连通分量。

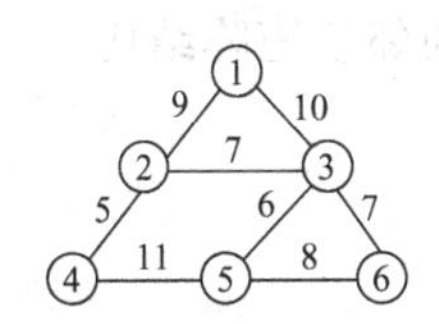

图 7.33　题 7-21 的图

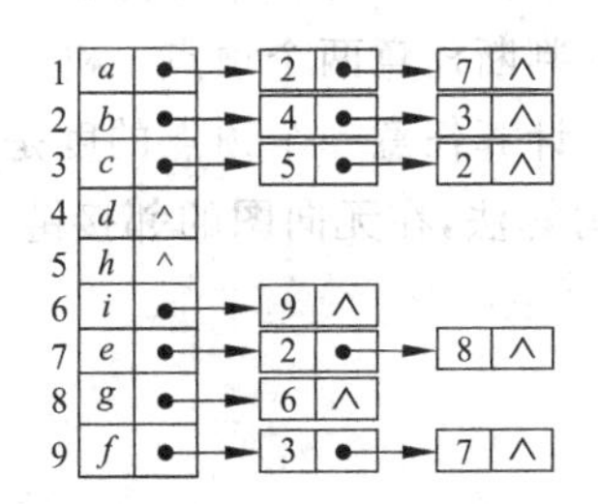

图 7.34　题 7-22 的图

7-23 单项选择题。

(1) 在一个无向图中，所有顶点的度之和等于边数的________倍。

A. 1/2　　B. 1　　C. 2　　D. 4

(2) 具有 6 个顶点的无向图至少应有________条边才能确保是一个连通图。

A. 5　　B. 6　　C. 7　　D. 8

(3) 对于一个具有 n 个顶点的无向图,若采用邻接矩阵表示,则该矩阵大小是________。

A. n　　B. $(n-1)^2$　　C. $n-1$　　D. n^2

(4) 如果从无向图的任一顶点出发进行一次深度优先按索即可访问所有顶点,则该图一定是________。

A. 完全图　　B. 连通图　　C. 有回路　　D. 一棵树

(5) 任何一个无向连通图________最小生成树。

A. 只有一棵　　B. 有一棵或多棵　　C. 一定有多棵　　D. 可能不存在

(6) 对于含有 n 个顶点的带权连通图,它的最小生成树是指图中任意一个________。

A. 由 $n-1$ 条权值最小的边构成的子图

B. 由 $n-1$ 条权值之和最小的边构成的子图

C. 由 $n-1$ 条权值之和最小的边构成的连通子图

D. 由 n 个顶点构成的边的权值之和最小的连通子图

7-24 判断以下叙述的正确性。

(1) 邻接矩阵只存储了边的信息,没有存储顶点的信息。

(2) 如果表示图的邻接矩阵是对称矩阵,则该图一定是无向图。

(3) 对 n 个顶点的连通图 G 来说,如果其中的某个子图有 n 个顶点、$n-1$ 条边,则该子图一定是 G 的生成树。

(4) 从 n 个顶点的连通图中选取 $n-1$ 条权值最小的边,即可构成最小生成树。

(5) 如果表示某个图的邻接短阵是不对称矩阵,则该图一定是有向图。

(6) 无向图中的极大连通子图称为连通分量。

(7) 连通图的广度优先搜索中一般要采用队列来暂存刚访问过的顶点。

(8) 图的深度优先搜索中一般要采用栈来暂存刚访问过的顶点。

7-25 已知一个无向图,采用邻接链表结构存储,编写算法:

(1) 计算图中有多少条边。

(2) 判断任意两个顶点 i 和 j 之间是否有边相连。

(3) 计算任意一个顶点的度是多少。

7-26 编写算法,在无向图的邻接链表结构上,生成无向图的邻接矩阵结构。

第8章 查　找

8.1 基本概念

查找又称检索，它是数据处理中使用频繁的一种重要操作。当数据量相当大时，分析各种查找算法的效率就显得十分重要。本章将系统地讨论各种查找算法，并通过分析来比较各种查找算法的优缺点。

在计算机中，被查找的数据对象是由同一类型的数据元素(或记录)构成的集合，可称之为查找表(search table)。由于集合中的数据元素之间存在着完全松散的关系，因此查找表是一种非常灵活的数据结构。但也正是由于表中数据元素之间仅存在着“同属于一个集合”的松散关系，会给查找带来不便，影响查找的效率。为了提高查找速度，有时需在数据元素之间加上一些关系，改造查找表的数据结构，以便按某种规则进行查找。例如查阅一个英文单词，如果所有的单词无规律地排放在一起，就只能从头至尾一个一个地查找，很长的查找时间会使这种方法变得毫无意义。实际上字典是按单词的字母在字母表中的次序编排的，因此查找时不需要从字典的第一个单词找起，而只要根据待查单词中的每个字母在字母表中的位置去查找。

在查找表中，每个数据元素由若干个数据项组成。可以规定能够标识数据元素(或记录)的一个数据项或几个数据项为关键字(key)。若此关键字可以唯一地标识一个记录，则称此关键字为主关键字(primary key)；反之称为次关键字(secondary key)，它可以标识若干个记录。当记录只有一个数据项时，它就是该记录的关键字。例如在校学生的档案管理，每一个学生的档案(包括学号、姓名、性别、出生年月、入校日期等数据项)构成一条记录，其中学号是唯一识别学生记录的主关键字，而其他的数据项都只能视为次关键字。

基于上述规定，我们给查找(searching)下一个定义：根据给定的值，在查找表中查找是否存在关键字等于给定值的记录，若存在一个或几个这样的记录，则称查找成功，查找的结果可以是对应记录在查找表中的位置或整个记录的值。若表中不存在关键字等于给定值的记录，则称查找不成功，查找的结果可以给出一个特定的值或“空”指针。

查找表上的基本操作有下列五种：

(1) CREATE(L)　建表。生成一个由用户给定的若干个记录组成的查找表。

(2) SEARCH(L,K)　查找。若在表 L 中存在关键字等于给定值 K 的记录,结果返回该记录在表中的位置,否则结果为一特殊的值。

(3) GET(L,pos)　读取记录。结果是输出表 L 中 pos 位置上的记录。

(4) INSERT(L,K)　插入。在表 L 中插入一个关键字为 K 的记录。

(5) DELETE(L)　删除。在表 L 中删除一个记录,可以是指定位置上的记录,也可以是指定关键字的记录。

以上(1)、(4)、(5)是加工型操作,(2)、(3)是引用型操作。若对查找表只作前面 3 种操作,称此类查找表为静态查找表,若在查找过程中还经常有插入记录和删除记录的操作,则称此类查找表为动态查找表。

查找又分内部查找和外部查找。若整个查找过程都在内存中进行的,则称之为内部查找,若查找过程中需要访问外存,则称之为外部查找。本书中只讨论内部查找的算法。

掌握对查找算法的时间分析是本章学习的重点。查找过程中经常执行的操作是将记录的关键字和给定值作比较。查找过程也就是对记录的检索过程。查找算法的执行时间可能会在很大的一个范围内浮动。以顺序结构的查找表为例,查找记录成功有多种可能情况:有可能表中的第一个记录恰恰就是要找的记录,于是只要比较一个记录就行了,这是算法运行时间的最佳情况;如果表中最后一个记录才是要找的记录,因此要比较所有的记录,这是算法运行时间的最差情况;如果对应的记录是在表中的其他位置,就会发现,算法平均查找的记录是总的记录个数的一半,这是算法运行时间的平均情况。一般来说,算法的最佳情况没有实际意义,因为它发生的概率很小,而且对条件的要求也很苛刻。而分析算法的最差情况可以知道算法的最差运行时间是否在算法设计的要求之内,这一点在实际应用中尤为重要。通常我们更希望知道算法运行的平均情况,它是算法运行的"典型"表现。如果查找不成功,算法执行时间的分析有时也是十分重要的。下面介绍的几种查找算法,并给出算法的时间分析和分析结果。

8.2 静态查找表

8.2.1 顺序表上顺序查找

在静态查找表上进行顺序查找(sequential search)可以采用顺序表或线性链表作为表的存储结构,对记录在表中存放的先后次序没有任何要求。下面介绍的查找算法是以顺序表作为存储结构。顺序表的类型说明如下:

```
#define MAXSIZE 100
#define KEYTYPE int

typedef struct
{   KEYTYPE key;
    otherdata ……; // 记录的其余数据部分,在下面的讨论和算法中忽略不考虑
}SSELEMENT;
typedef struct
{   SSELEMENT r[MAXSIZE];
```

```
    int len;
}SSTABLE;
```

顺序查找是最简单的查找方法。查找的基本思想是：从表的一端开始，顺序扫描查找表，依次将扫描到的记录关键字和给定值 K 相比较，若当前记录的关键字与 K 相等，则查找成功，返回记录在表中的位置序号；若扫描结束仍未找到关键字等于 K 的记录，则查找不成功，返回 0。算法如下：

```
int seq_search (KEYTYPE k, SSTABLE st)
{
    int j;
    j = st.len;
    st.r[0].key = k;
    while(st.r[j].key != k)
        j--;
    return j;
}
```

这个算法是从顺序表的高端向低端依次查找记录的，表中的记录从下标为 1 的单元放起。0 单元中设置了一个监视哨 st.r[0].key=K，这样，可以在 while 循环的条件判断中省去下标越界的判断，节约算法的运行时间。

算法中的基本操作是"将记录的关键字和给定值进行比较"，通常以查找成功时的平均查找长度 ASL 作为衡量算法优劣的依据，所谓 ASL 是指在查找过程中，为确定记录在查找表中的位置，需和给定值进行比较的记录关键字个数的平均值。

假设上面顺序表表长 st.len=n(即 n 个记录)，查找成功的平均查找长度为：

$$\mathrm{ASL} = \sum_{i=1}^{n} P_i C_i$$

其中，P_i 为表中第 i 个记录的查找概率，且 $\sum_{i=1}^{n} P_i = 1$，如果每个记录的查找概率相等，则 $P_i = 1/n$；C_i 表示如果第 i 个记录的关键字和给定值相等，要找到这个记录需和给定值进行比较的次数。显然 C_i 取决于所查记录在表中的位置，即 $C_i = n - i + 1$。这样，在等概率情况下，顺序表查找成功的平均查找长度为：

$$\mathrm{ASL}_{SS} = \sum_{i=1}^{n} P_i C_i = \frac{1}{n}\sum_{i=1}^{n}(n-i+1) = \frac{n+1}{2}$$

在上述查找中若出现不成功的情况，一定是将整个表的记录都比较以后才可确定，所以顺序表上顺序查找不成功的查找长度为 n。

对后面的各种算法，我们不再详细分析和推导算法查找成功的平均查找长度，对有些算法则直接给出推导的结果。

顺序查找的优点是算法简单且适用面广，对表中元素的存放位置无任何要求，可以用向量存储结构，也可以用链表存储结构。顺序查找的缺点是平均查找长度较大，特别是当 n 较大时，查找效率较低，不宜采用。

8.2.2 有序表查找

静态查找表中记录的关键字有序时，可以用二分查找(binary search)来实现。二分查找又称折半查找，它是一种查找效率较高的方法。二分查找要求表中记录按关键字排好序，并且只能在顺序存储结构的有序表上实现。

二分查找的基本思想是：每次将给定值 K 与有序表中间位置上的记录关键字进行比较，确定待查记录所在的范围，然后逐步缩小范围直到确定找到或找不到对应记录为止。设有序表 ST 中记录的关键字按升序排列，整型变量指针 low 和 high 分别指向有序表中待查记录所在范围的下界和上界，中间记录所在位置用 mid 指示，$mid=\lfloor(low+high)/2\rfloor$。将给定值 K 和 mid 所指的记录关键字 ST. r[mid]. key 比较，有三种可能的结果：

(1) $K<$ST. r[mid]. key：待查记录如果存在，必定落在 mid 位置的左半部分。于是，查找范围缩小了一半。修改范围的上界 high＝mid－1，继续对左半部分进行二分查找。

(2) $K=$ST. r[mid]. key：查找成功并结束算法，mid 所指的记录就是查到的记录。

(3) $K>$ST. r[mid]. key：待查记录如果存在，必定落在 mid 位置的右半部分。于是，查找范围缩小了一半。修改范围的下界 low＝mid＋1，继续对右半部分进行二分查找。

重复上述过程，区间每次缩小 1/2，当区间不断缩小，出现查找区间的下界大于上界时，宣告查找不成功并结束算法，确定关键字为 K 的记录不存在。

例如，一组记录的关键字的有序顺序表为(5,12,30,45,70,73,80,85,89,100,103,109)。初始时 low＝1，high＝12，设给定值 $K=85$ 或 $K=15$，则二分查找的过程如图 8.1 所示。

对应的算法如下：

```
int search_bin (KEYTYPE K, SSTABLE st)
{
    int low, high, mid;
    low = 1;
    high = st.len;

    while(low <= high)
         {mid = (low + high)/ 2;
          if(K == st.r[mid].key)          // 给定值 K = st.r[mid].key
             return mid;                  // 查找成功
          else if(K < st.r[mid].key)      // 给定值 K < st.r[mid].key
                 high = mid - 1;
               else                       // 给定值 K > st.r[mid].key
                  low = mid + 1;}
    return 0;                             // 查找不成功
}
```

K = 85	05	12	30	45	70	73	80	85	89	100	103	109
	1	2	3	4	5	6	7	8	9	10	11	12

第一次查找：　low　mid　high

mid = 6, ST. r[mid]. key < K, 则 low = mid + 1 = 7

第二次查找：　low　mid　high

mid = 9, ST. r[mid]. key > K, 则 high = mid − 1 = 8

第三次查找：

low = mid = 7　high

mid = 7, ST. r[mid]. key < K, 则 low = mid + 1 = 8

第四次查找：

low = mid = high = 8

mid = 8, ST. r[mid]. key = K, 查找成功,所查记录是在表中序号为 8 的记录。

(a) 在有序表中查找关键字为 85 的记录的过程

K = 15	05	12	30	45	70	73	80	85	89	100	103	109
	1	2	3	4	5	6	7	8	9	10	11	12

第一次查找：　low　mid　high

mid = 6, ST. r[mid]. key > K, 则 high = mid − 1 = 5

第二次查找：　low　mid　high

mid = 3, ST. r[mid]. key > K, 则 high = mid − 1 = 2

第三次查找：

low = mid = 1　high

mid = 1, ST. r[mid]. key < K, 则 low = mid + 1 = 2

第四次查找：

low = mid = high = 2

mid = 2,ST. r[mid]. key < K, 则 low = mid + 1 = 3

出现 low > high 的情况,查找不成功,表中无关键字为 15 的记录。

(b) 在有序表中查找关键字为 15 的记录的过程

图 8.1　二分查找的过程示意图

二分查找是一种效率较高的算法。算法中每次将给定值 K 与查找范围中间位置上的记录的关键字比较。上例中的 12 个记录,对每个记录找到的过程可画成一棵二叉判定树,如图 8.2 所示。图中顶点中的值是对应记录的关键字,顶点旁编号表示记录在表中的位置序号。从判定树可看到,查找 $K=73$ 的记录,只需比较关键字一次,查找 $K=89$ 的记录,需比较关键字二次,其他可以类推。

从图 8.2 还可看到,查找成功的最佳情况是一次比较成功,二分查找的比较次数不会超过二叉树的深度 $d=\lfloor \log_2 n \rfloor+1$,这也是二分查找成功的最差情况。可以证明在每个记录的查找概率相等的情况下,对于长度 $n=$st. len 较大($n>50$)时,二分查找成功的平均

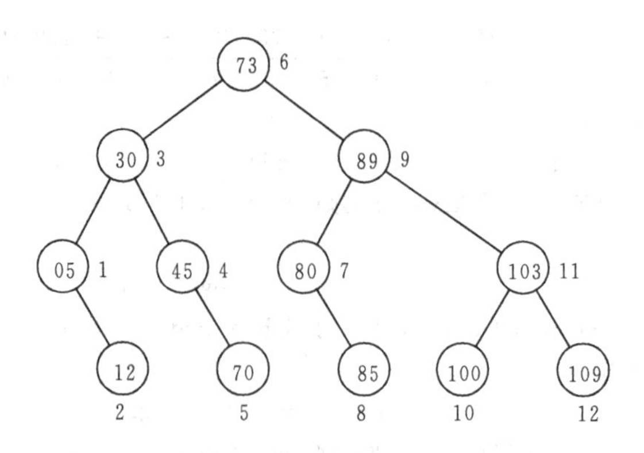

图 8.2　二分查找过程对应的二叉判定树

查找长度的近似结果是

$$\mathrm{ASL}_{bs}=\log_2(n+1)-1。$$

可见,二分查找的优点是速度快。但前提是记录的关键字必须按大小排序,而且必须是向量存储结构。所以经常要进行插入和删除操作的查找表不宜采用二分查找算法。

8.2.3　索引顺序表查找

索引顺序表查找(indexed sequential search)又称分块查找。这是顺序表查找的一种改进方法,它是以索引顺序表表示的静态查找表。用此方法查找,在查找表上需建立一个索引表,图 8.3 是一个索引顺序表的示例。

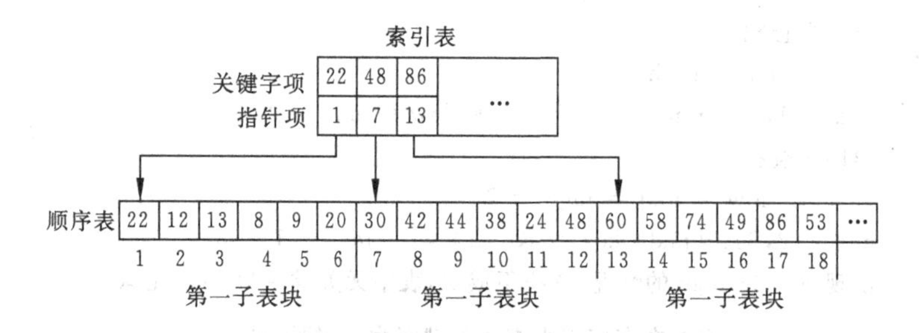

图 8.3　索引顺序表结构示意图

顺序表中的 18 个记录可分成三个子表$(R_1,R_2,\cdots,R_6)$,$(R_7,R_8,\cdots,R_{12})$,$(R_{13},R_{14},\cdots,R_{18})$,每个子表为一块。索引表中由若干个表项组成,每个表项包括二部分内容:关键字项和指针项。关键字项中存放对应块中的最大关键字,指针项中存放对应块中第一个记录在查找表中的位置序号。查找表可以是有序表,也可以是分块有序,分块有序是指第二个子表块中所有记录的关键字均大于第一子表块中的最大关键字,第三子表块中的所有记录的关键字均大于第二子表块中的最大关键字,依次类推,所以索引表一定是按关键字项有序排列的。

分块查找的基本思想是：首先用给定值 K 在索引表中查找，因为索引表是按关键字项有序排列的，可采用二分查找或顺序查找以确定待查记录在哪一块中，然后在已确定的块中进行顺序查找，当查找表是有序表时，在块中也可以用二分查找。对应图 8.3，如果给定值 $K=38$，先将 K 和索引表各关键字进行比较，因为 $22<K<48$，则关键字为 38 的记录如果存在，必定在第二个子表中，再从第二个子表的第一个记录的位置序号 7 开始，按记录顺序查找，直到确定第 10 个记录是要找的记录。又如当 $K=29$ 时，则仍在第二子表中查找，自第 7 个记录起按记录顺序查找至第 12 个记录，每个记录的关键字和 K 比较都不相等，则查找不成功。

如果在索引表中确定块和在块中查找记录都采用顺序查找，则分块查找成功的平均查找长度由两部分组成：

$$\mathrm{ASL}_{bs}=L_b+L_w$$

其中，L_b 是在索引表中确定块的平均查找长度；L_w 是在对应块中找到记录的平均查找长度。一般情况下，假设有 n 个记录的查找表可均匀地分成 b 块，则每块含有 s 个记录，$s=n/b$，b 就是索引表中表项的数目。又假定表中每个记录的查找概率相等，则等概率下分块查找成功的平均查找长度是：

$$\mathrm{ASL}_{bs}=\frac{b+1}{2}+\frac{s+1}{2}=\frac{1}{2}\left(\frac{n}{s}+s\right)+1$$

可见，平均查找长度和表中记录的个数有关，而且和每一块中的记录个数 s 也有关。它是一种效率介于顺序查找和二分查找之间的查找方法。

8.3 动态查找

静态查找表一旦生成之后，所含记录在查找过程中一般是固定不变的。而动态查找表则不然，对表中记录经常进行插入和删除操作，所以动态查找表是一直在变化的。动态查找表的这种特性要求采用灵活的存储方法来组织查找表中的记录，以便高效率地实现动态查找表的查找、插入、删除等操作。本节重点介绍二叉排序树查找。

二叉排序树(binary sort tree)如果非空，则具有下列性质：

(1) 若它的左子树不空，则左子树上所有结点的关键字均小于它的根结点的关键字；

(2) 若它的右子树不空，则右子树上所有结点的关键字均大于它的根结点的关键字；

(3) 它的左子树、右子树分别也是二叉排序树。

图 8.4 是一棵二叉排序树。二叉排序树实际上是增加了限制条件的特殊二叉树，这限制条件的实质就是二叉排序树中任一结点的关键字大于其左子树上所有结点的关键字，且小于其右子树上所有结点的关键字。这样的限制给查找操作的实现提供了简洁的思路：在一棵以二叉链表为存储结构的二叉排序树上，要找比某结点 x 小的结点，只需通过结点 x 的左指针到它的左子树中去找；而要找比某结点 x 大的结点，只需通过结点 x 的右指针到它的右子树中去找。可以证明，二叉排序树的中根遍历的序列是按结点关键字递增排序的有序序列。所以，对于任意的关键字序列构造成一棵二叉排序树，实质是对

关键字序列进行排序,使其变成有序序列。"排序树"的名称也是由此而来的。图 8.4 所示的二叉排序树中根遍历的序列是 3,7,10,14,16,18,20,24,25,27,30,35。

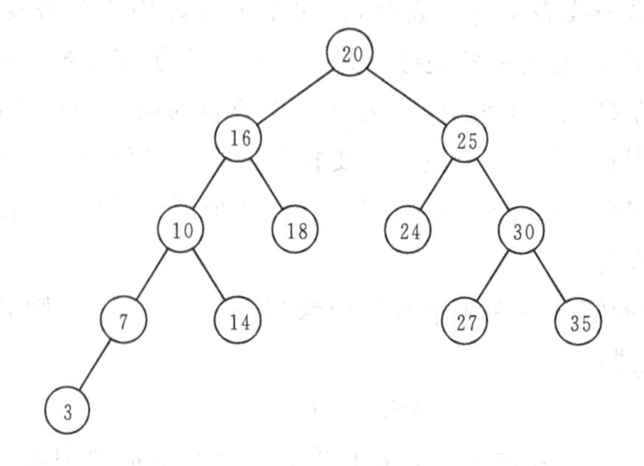

图 8.4 二叉排序树示例

下面讨论的二叉排序树的各种操作中,采用二叉链表作为存储结构,数据结点类型说明如下:

```
#define KEYTYPE int;

typedef struct node
{KEYTYPE key;
 otherdata ……;          // 结点的其余数据部分,在下面的讨论和算法中忽略不考虑
struct node *lchild, *rchild;
} BSTNODE
```

8.3.1 二叉排序树的生成和插入

二叉排序树生成的形式算法描述为:

```
{
  对于一组任意关键字的结点序列,
    (1) 从空二叉树开始,读入的第一个结点作为二叉排序树的根结点。
    (2) 从读入的第二个结点起,将读入结点的关键字和根结点的关键字进行比较:
        ① 读入结点的关键字等于根结点的关键字,则说明树中已有此结点,不作处理;
        ② 读入结点的关键字大于根结点的关键字,则将此结点插到根结点的右子树中;
        ③ 读入结点的关键字小于根结点的关键字,则将此结点插到根结点的左子树中。
        ④ 在子树中的插入过程和前面的步骤①,②,③相同。
}
```

设有一组结点的关键字输入次序为(20,5,25,10,15,16,13,23,3,7,27),按上述算法生成二叉排序树的过程如图 8.5(a)所示。

从这个例子中可看到,生成二叉排序树的过程就是一个反复进行结点插入的过程,生成二叉排序树算法的核心就是调用插入函数。下面给出插入算法:

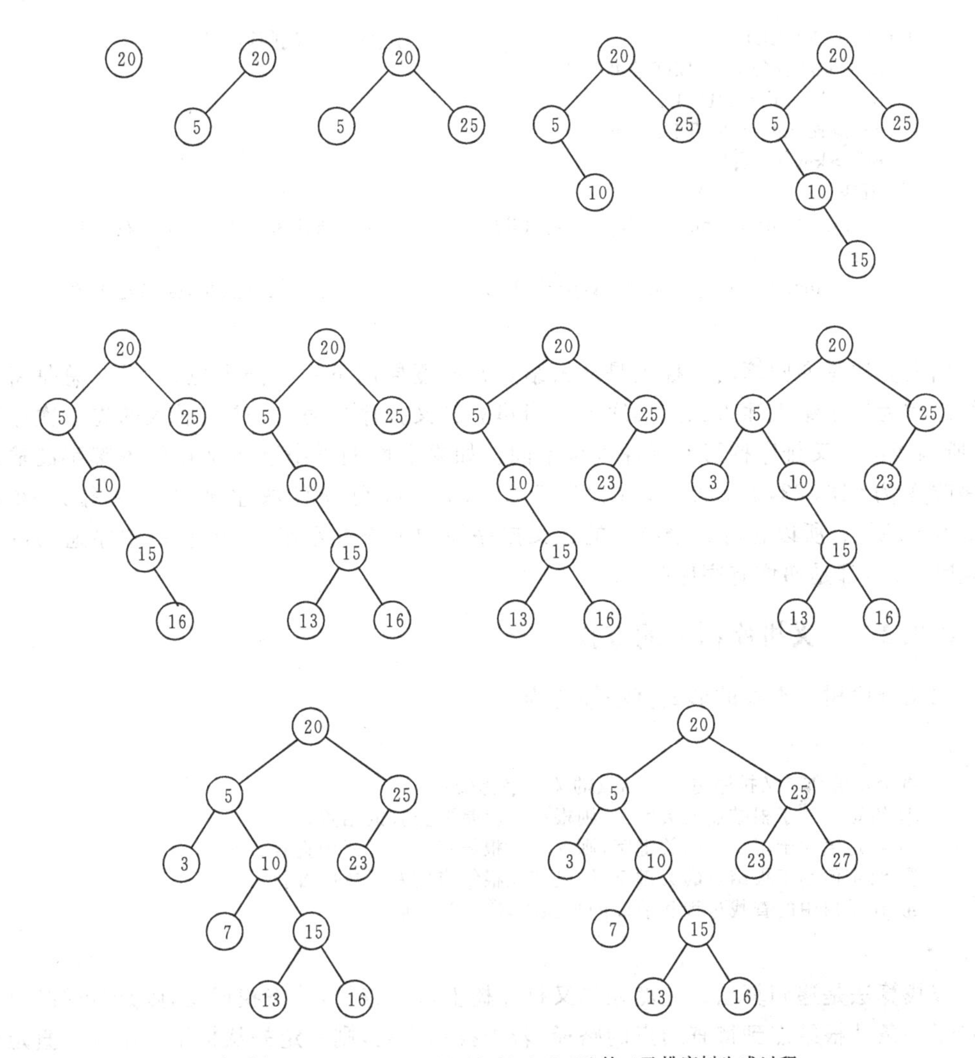

(a) 序列为(20,5,25,10,15,16,13,23,3,7,27)的二叉排序树生成过程

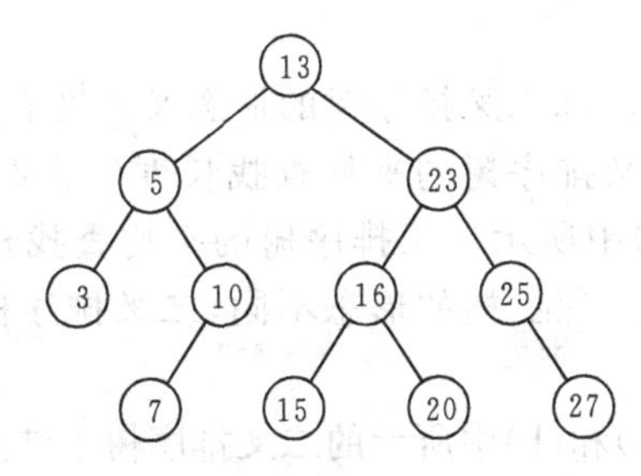

(b) 序列为(13,23,16,20,5,10,25,7,27,3,15)对应生成的二叉排序树

图 8.5　二叉排序树生成示意图

```
void insert_btree_onenode(KEYTYPE k, BSTNODE * p)
{
   if(p == NULL)                                    // 如果二叉排序树空
   {  p = malloc(sizeof(BSTNODE));
      p->lchild = NULL;
      p->rchild = NULL;
      p->key = k;}
   else if(k > p->key)
          insert_btree_onenode(k,p->rchild);        // 插入值比根结点大,插向右子树
      else
             insert_btree_onenode(k,p->lchild);     // 插入值比根结点小,插向左子树
}
```

插入算法是递归算法。插入是从根结点开始逐层向下查找插入位置,最终总是将待插结点作为叶子结点插入二叉排序树。当建立二叉排序树时,若结点插入的先后次序不同,所构成的二叉排序树形态及深度也不同。如果上面例子中这组结点的关键字的输入次序改变为(13,23,16,20,5,10,25,7,27,3,15),则按算法生成的二叉排序树如图 8.5(b)所示。所以含有 n 个结点的二叉排序树的形态并不唯一,但它们中序遍历的结果是唯一的,都是递增有序序列。

8.3.2 二叉排序树上的查找

二叉排序树上查找的形式算法描述为:

```
{
   将给定值和二叉排序树的根结点的关键字比较:
   ① 给定值等于根结点的关键字,则根结点就是要查找的结点;
   ② 给定值大于根结点的关键字,则继续在根结点的右子树中查找;
   ③ 给定值小于根结点的关键字,则继续在根结点的左子树中查找;
   ④ 在子树中的查找过程和前面的步骤①,②,③相同。
}
```

查找算法是递归算法。显然在二叉排序树上进行查找,若查找成功,则是从根结点出发走了一条从根结点到待查结点的路径;若查找不成功,则一定是从根结点出发一直走到某个结点的空子树而终止的,因此查找过程中与结点关键字比较的次数至多不超过二叉排序树的深度。

查找成功的平均查找长度和二叉排序树的形态及深度有关。假设每一结点的查找概率相等,图 8.5(a)中所示二叉排序树的平均查找长度(1+2+2+3+3+3+3+4+4+5+5)/11=35/11,图 8.5(b)中所示二叉排序树的平均查找长度(1+2+2+3+3+3+3+4+4+4+4)/11=33/11。可见,树的形态不同,二叉排序树查找成功的平均查找长度也可能不同。

再看一个例子:图 8.6(a)和(b)中所示的二叉排序树中结点的值都相同,但图 8.6(a)树是由关键字序列(45,24,53,12,37,93)构成,图 8.6(b)树是由关键字序列(12,24,37,45,53,93)构成。两棵树的深度不一样,设每一结点的查找概率相等,图 8.6(a)树的平均查找长度为 ASL=14/6,图 8.6(b)树的平均查找长度为 ASL=21/6。可见,当二叉排序树的形态和二分查找的判定树一样时,它的平均查找长度和 $\log_2 n$ 成正比,当二叉排序树的形态蜕

变为单支树时，它的平均查找长度变得和顺序查找的一样，为$(n+1)/2$。

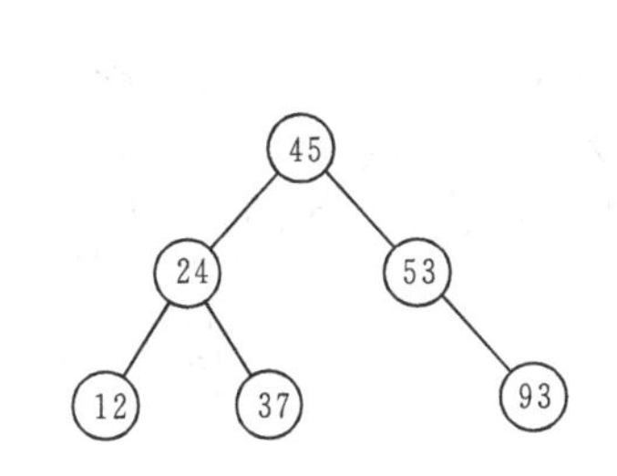

(a) 由关键字序列(45,24,53,12,37,93)构成的二叉排序树

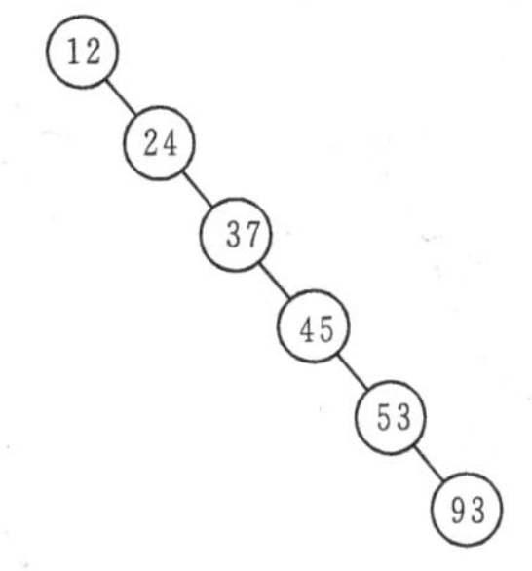

(b) 由关键字序列(12,24,37,45,53,93)构成的二叉排序树

图 8.6 不同形态的二叉排序树

可以证明，在等概率随机查找的情况下，二叉排序树查找成功的平均查找长度和$\log_2 n$是同一数量级的。

下面给出二叉排序树上的查找算法：

```
BSTNODE * search_btree_node(KEYTYPE k, BSTNODE * r)
{
   BSTNODE * p;
   if(r == NULL)
     p = NULL;
   else if(k == r->key)
         p = r;
      else if(k > r->key)
            p = search_btree_node(k, r->rchild);
          else
            p = search_btree_node(k, r->lchild);
   return p;
}
```

8.3.3 二叉排序树的删除

从二叉排序树中删除一个结点后，要保证删除后所得的二叉树仍是一棵二叉排序树。删除操作首先是进行查找，确定被删除结点是否在二叉排序树中。假设被删结点为p指针所指，其双亲结点为f指针所指，被删结点的左子树和右子树分别用P_L和P_R表示。下面分几种情况讨论如何删除该结点：

(1) 若被删除结点是叶子结点，即P_L和P_R均为空子树，则只需修改被删除结点的双亲结点的指针即可。如图 8.7 所示。

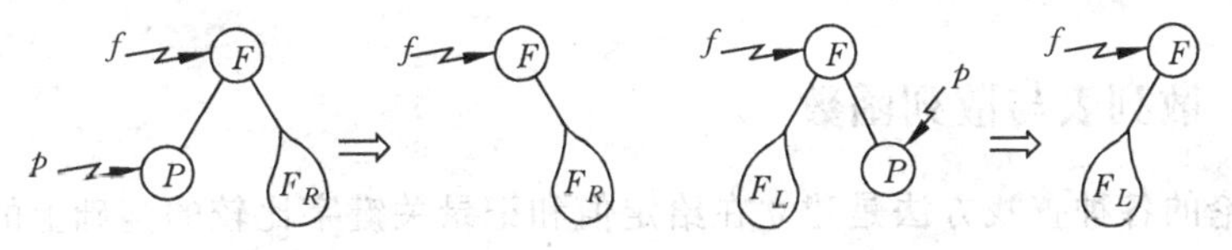

图 8.7 删除二叉排序树中的叶子结点

(2) 若被删除结点只有左子树 P_L 或只有右子树 P_R,此时只要令 P_L 或 P_R 直接成为其双亲结点的左子树或右子树即可。如图 8.8 所示。

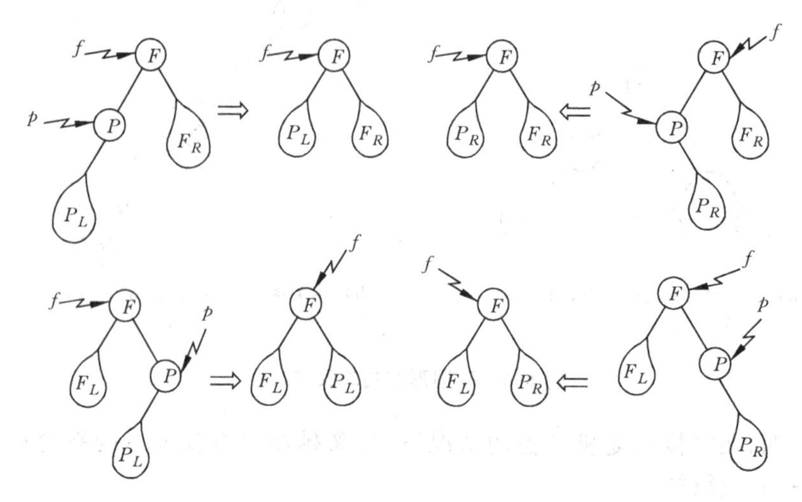

图 8.8 二叉排序树中被删除结点只有左子树或只有右子树时的删除过程

(3) 若被删除结点的左子树和右子树均不空时,在删除该结点前为了保持其余结点之间的序列位置相对不变,首先要用被删除结点在该树中序遍历序列中的直接前驱(或直接后继)结点的值取代被删除结点的值,然后再从二叉排序树中删除那个直接前驱(或直接后继)结点。过程描述如下:

① 被删除结点在中序遍历序列中的直接前驱是从该结点的左孩子的右孩子方向一直找下去,找到没有右孩子的结点为止。被删除结点的中序直接前驱结点肯定是没有右子树的。

② 将直接前驱结点取代被删除结点。

③ 删除直接前驱结点。注意:该直接前驱结点一定是无右子树的结点。如图 8.9 所示。

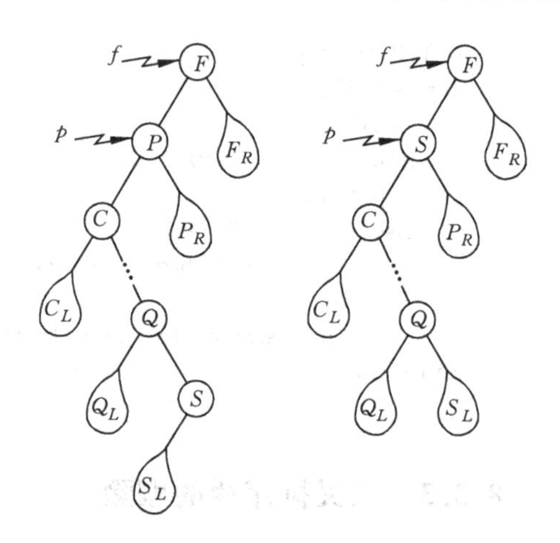

图 8.9 二叉排序树中被删结点既有左子树又有右子树时的删除过程

对于第(3)种情况,还可以用其他的方法来实现删除,这里不再一一说明。

8.4 散列表

8.4.1 散列表与散列函数

前面讨论的各种查找方法是建立在给定值和记录关键字比较的基础上的。查找的效率依赖于查找过程中所进行的比较次数。

理想的情况是不经过任何比较，通过计算就能直接得到记录所在的存储地址，散列查找(hashed search)就是基于这一设计思想的一种查找方法。散列是一种重要的存储方式，又是一种查找方法。这种查找又称为哈希查找。按散列存储方式构造的动态表又称散列表(hashed table)。散列查找的核心是散列函数(hashed function)，又称哈希函数。查找的核心思想是：以记录的关键字 K 为自变量通过一个确定的散列函数 H，计算出对应的函数值 $H(K)$ 作为记录的存储地址。这样，每个记录的关键字通过函数计算都对应得到一个记录的存储地址：

$$\text{Addr}(i)=H(\text{第 } i \text{ 个记录的关键字 key}(i))$$

其中，H 是散列函数；$\text{Addr}(i)$ 是计算得到的第 i 个记录的存储地址。

下面通过几个简单的例子来理解散列查找及散列函数的含义。

例 8-1 已知某校某届的 500 个学生的记录构成一线性表，关键字是学生的学号，学号由 8 个十进制数字组成，从左算起的前 4 位是进校年份，如"1999"，这 500 个学生都一样，第 5 位是系的编号，第 6、7、8 位是该届所有学生的编号，没有重复。则这 500 个学生的记录可存储在如下结构说明的散列表中：$HT1[500]$：$HT1[i]$中放入的学生记录就是学号后 3 位为 i 的学生记录。散列函数 $H1$ 取学生记录中学号的后三位并转为整数值，如 $H1$("19991003")＝ 3，学号为"19991003"的学生的记录存放在散列表 $HT1[500]$中 3 号地址中；$H1$("19992453")＝453，学号为"19992453"的学生的记录存放在散列表 $HT1[500]$中 453 号地址中。

例 8-2 已知在某高级编程语言中，保留字集合为 S＝(and，begin，do，end，for，go，if，repeat，then，until，while)，因为这些保留字都是字母组成的单词，将每个保留字看作关键字，关键字的第一个字母都不相同，可以将这些保留字存放在如下结构说明的散列表中：$HT2[26]$。散列函数 $H2$ 取关键字的第一个字母在字母表中的序号，如 $H2$("and")＝0，$H2$("begin")＝1，$H2$("do")＝3，…，如果在 S 集合中增加了 array，else，with，up 这些保留字，而散列函数 $H2$ 不变，就会出现对于不同的两个关键字通过 $H2$ 的运算得到相同的散列地址的情况，如 $H2$("array")＝0，和"and"对应的散列地址相同。这是我们后面要讨论解决的问题，即如何构造散列函数及如何解决冲突问题。

建立散列表的过程需要对每个记录的关键字进行散列函数的运算，计算出该记录存储的地址，并将记录存入此地址中。散列表上查找记录的过程和建立散列表的过程一样，就是对待查找记录的关键字进行计算，得到地址，并到此地址中查找记录是否存在。建立散列表和在散列表上查找的过程一样是散列表查找的特点之一。另一特点是理想的散列函数使每一个记录和存储的地址一一对应，没有冲突。这样，查找每个记录所花的时间只是计算的时间，效率很高，而且查找每一个记录所花的时间相等。当然理想的散列函数是很难找到的。

在一般情况下，散列表的空间应比记录存储的空间要大些，虽然浪费了一定的空间，但可以提高查找效率。

散列函数的选取原则是函数运算要尽可能简单；函数的值域必须在散列表允许的空间范围之内，并尽可能使记录的关键字在运算后得到的函数值各不相同。若不同记录的关键字经过散列函数运算后得到相同的地址，则称之为发生冲突，我们将发生冲突的两个关键字称为散列函数的同义词。实际应用中，不发生冲突的理想化的散列函数极少存在，所以实际应用中必须考虑冲突发生时的处理办法。

综上所述，散列查找必须考虑的两个主要问题是：

(1) 构造一个计算简单且冲突尽量少的地址分布比较均匀的散列函数；

(2) 拟订解决冲突的方案。

8.4.2 散列函数的构造方法

构造散列函数的方法很多。这里介绍几种常用的方法。以下假定散列地址是自然数，关键字值也是自然数。

1. 直接定址法

取关键字或关键字的某个线性函数值为散列地址。即：

$$H(\text{key}) = \text{key} \text{ 或 } H(\text{key})=a\times\text{key}+b,$$

其中，a 和 b 为常数。例如，解放后每年出生人口调查表的关键字是年份，可以取关键字加一常数作为散列地址(如图 8.10 所示)：

$$H(\text{key})=\text{key}+(-1948)$$

散列地址	01	02	03	…	22	…
出生年份	1949	1950	1951	…	1970	…
出生人数	…	…	…	…	15000	…
⋮						

图 8.10　直接定址法示例

这样，若要查找 1970 年出生的人数，只要查第(1970－1948)＝22 项即可。本例中所得的地址集合和关键字集合的大小相同，而且对于不同的关键字不会发生冲突。但实际情况中能够使用这种方法的情况很少。

2. 数字分析法

数字分析法又称为数字选择法。这种方法适用于事先知道所有可能出现的关键字值，并且关键字值的位数比散列地址的位数多的情况。在这种情况下，可以对关键字值的各位进行分析，选择分布较均匀的若干位组成散列地址。

假定已知可能出现的所有键值中的一部分如下：

0 0 1 3 1 9 4 2 1
0 0 1 6 1 8 3 0 9
0 0 1 7 3 9 4 3 4
0 0 1 6 4 1 5 1 6
0 0 1 8 1 6 3 7 8
0 0 1 1 4 3 3 9 5
0 0 1 2 4 2 3 6 3
0 0 1 9 1 5 4 0 9
⋮

不难看出，前三位分布不均匀，第5，7位也有很多重复，所以应将这五位丢弃，剩下的第4，6，8，9位分布都比较均匀，可考虑将它们或它们中的几位组合起来作为散列地址。至于选哪几位组合还要考虑散列表的容量。

3. 除留余数法

这是一种最简单也最常用的构造散列函数的方法。取关键字被某个不大于散列表表长 m 的数 p 除后所得的余数作为散列地址，即：

$$H(\text{key})=\text{key} \quad \text{MOD} \quad p, \quad p \leqslant m$$

这一方法的关键在于 p 的选择。例如，若选 p 为偶数，则得到的散列地址总是将奇数键值映射成奇数地址，偶数键值映射成偶数地址，就会增加冲突发生的机会。通常选 p 为不大于散列表容量的最小素数。

散列函数的构造方法还有平方取中法、基数转换法、随机数法和折叠法等，有兴趣的读者可参考有关资料。

8.4.3 解决冲突的主要方法

处理冲突的方法与散列表本身的结构形式有关。散列表按结构形式可分成开散列表和闭散列表。下面分别讨论在两种散列表上处理冲突的方法。

1. 开散列表处理冲突

设定散列函数为 H，函数值的范围（也就是散列地址的范围）为 0 到 $m-1$，开散列表的结构可设计为一个由 m 个指针域构成的指针数组 HTC[m]，初始状态都是空指针。其中每一个分量对应一个单链表的头指针，凡散列地址为 i 的记录都插入到头指针为 HTC[i]的链表中，记录可插在链表的头上或尾上，也可插在单链表的中间。每一个这样的单链表称为一个同义词子表。开散列表解决冲突的方式就是将所有关键字为同义词的记录链接在同一个单链表中。这种方法有时又称为链地址法。开散列表的结构说明如下：

```
#define KEYTYPE int
typedef struct node
{
    KEYTYPE key;
    otherdata ……;          // 记录的其余数据部分，在下面的讨论和算法中忽略不考虑
    struct node * next;
}CHAINHASH;
```

例如，某记录的关键字集合为(13，41，15，44，06，68，25，12，38，64，19，49)，共有12个记录，散列函数为 $H(\text{key})=\text{key MOD } 13$，函数值域为0～12，散列表定义为 CHAINHASH * HTC[13]，开散列表示意图如图 8.11 所示。

2. 闭散列表处理冲突

闭散列表处理冲突的方法又称开放定址法。闭散列表的结构为一个向量即一维数组，表中记录按关键字经散列函数运算所得的地址直接存入数组中。闭散列表结构说明如下：

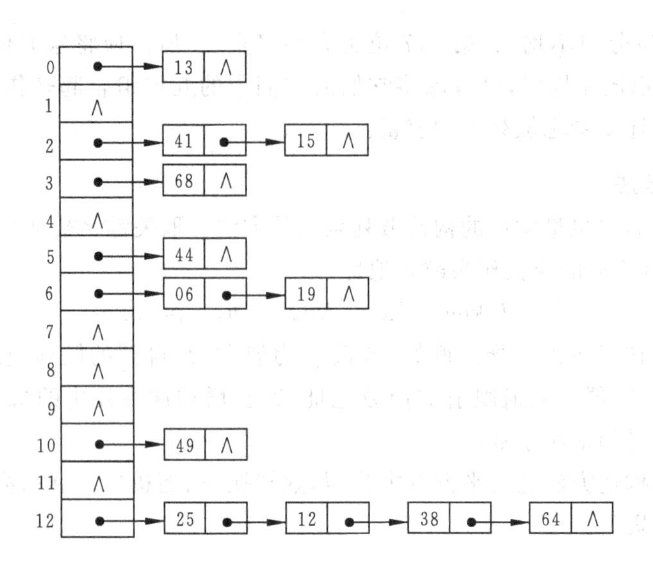

图 8.11　开散列表处理冲突示意图

```
#define KETTYPE int
typedef struct
{ KEYTYPE key;
  otherdata ……;          // 记录的其余数据部分,在下面的讨论和算法中忽略不考虑
}HASHTABLE;
```

当在闭散列表上发生冲突时,必须按某种方法在散列表中形成一个探查地址序列,沿着这个探查地址序列在数组中逐个查找,直到碰到无冲突的位置为止,并放入记录。

形成探查地址序列的最简单的方法是线性探测法。设散列函数为 H,闭散列表的容量为 $m(0,\cdots,m-1)$,对关键字 K,计算出地址为 $d=H(K)$,则线性探测法对应的探查地址序列为 $d+1,d+2,\cdots,m-1,0,1,\cdots,d-1$。例如,关键字为 K_1 的记录已存入 d 单元中,若关键字 K_2 的散列地址也为 d 时,则依次探查地址序列 $d+1,d+2,\cdots,m-1,0,1,\cdots,d-1$,直到找到一个无记录的地址,将 K_2 对应的记录存入该地址中。从上述规则得到线性探测法对应的探查地址序列计算公式为:

$$d_i=(H(K)+i)\text{MOD}m\quad(i=1,2,\cdots,m-1)$$

例如,已知一组记录的关键字为(26,36,41,38,44,15,68,12,06,51,25),用线性探测法解决冲突,构造对应的闭散列表。总记录个数 $n=11$,开辟的一维数组长度可比记录实际用的存储单元多一些,定义为 HASHTABLE HTL[15],散列函数为

$$H(\text{key})=\text{key MOD }13$$

计算第一个记录的地址 $H(26)=26\text{mod}13=0$,将第一个记录存入 HTL[0]单元中。计算第二个记录 $H(36)=36\text{mod}13=10$,将第二个记录存入 HTL[10]单元中,下面第三、四、五个记录经计算,分别存入在 HTL[2],HTL[12]和 HTL[5]单元中。当计算关键字为 15 的记录的地址时,求得的地址为 2,因 HTL[2]中已存入记录而发生冲突,必须利用线性探测法进行探查,第一次探查 $d_1=(2+1)\text{mod}m=3$,HT[3]中无记录,因此将第六个记录存入 HTL[3]单元中。以同样的方法将关键字 68,12 的记录分别存入 HTL[4]和

HTL[13],关键字为06的记录直接存入HTL[6]中。关键字为51的记录的散列地址为12,发生冲突,第一次探查 $d_1=(12+1)\mathrm{mod}15=13$,仍然冲突,第二次探查 $d_2=(12+2)\mathrm{mod}15=14$,该地址中无记录,因此将关键字为51的记录插入HTL[14]单元中。最后一个记录的关键字是25,它的散列地址是12,经过四次探查地址 $d_1=13$,$d_2=14$,$d_3=0$,$d_4=1$,才找到开放地址 $d_4=1$,将关键字为25记录存入HTL[1]单元中。由此过程得到的闭散列表如图8.12(a)所示。在该例中,$H(15)=2$,$H(68)=3$,15和68本不是同义词,但由于15和41是同义词,处理15记录的冲突时占用了HTL[3],这就使得在处理68时,这两个本不应该发生冲突的非同义词之间也发生了冲突,这种现象称为"堆积"。

为了减少堆积的发生,应设法使探查地址序列尽量均匀地分散在整个闭散列表中,二次探测法可减少产生堆积的可能性。二次探测法的基本思想是:生成的探查地址序列不是连续的,而是跳跃式的。二次探测法对应的探查地址序列的计算公式为 $d_i=(\mathrm{H}(K)+i)\mathrm{mod}m$,其中,$i=1^2,-1^2,2^2,-2^2,3^2,\cdots,k^2,-k^2(k\leqslant m/2)$。上述例子用二次探测法构成的闭散列表如图8.12(b)所示。

0	1	2	3	4	5	6	7	8	9	10	11	12	13	14
①	⑤	①	②	②	①	①				①		①	②	③
26	25	41	15	68	44	06				36		38	12	51

(a) 线性探测法构成的散列表

0	1	2	3	4	5	6	7	8	9	10	11	12	13	
①	③	①	②	②	①	①				①	③	①	②	
26	25	41	15	68	44	06				36	51	38	12	

(b) 二次探测法构成的散列表

图8.12 闭散列表处理冲突示意图

二次探测法的缺点是不易探测到整个闭散列表的所有位置。也就是说,上述探查地址序列可能难以包括闭散列表的所有存储位置。

8.4.4 散列表的查找及分析

1. 开散列表上进行查找、插入、删除

在开散列表上的查找算法如下:

```
CHAINHASH * chain_hash_search(KEYTYPE k, CHAINHASH * htc[])
{
    CHAINHASH * p;
    p = htc[h(k)];
    while(p != NULL && p->key != k)
        p = p->next;
    return p;
}
```

在开散列表上插入记录，必须先调用查找算法，当查找不成功即该记录不存在时，可将记录插入。在开散列表上删除记录，必须先调用查找算法，当查找成功即该记录存在时，可在单链表上删除该记录。在开散列表上插入记录和删除记录的算法可由读者自行完成。

在开散列表等概率情况下，计算查找成功的平均查找长度，只要将查找各个记录需要比较关键字的次数加起来，除以总的记录个数即得。其中查找每一个记录需要比较关键字的次数要根据记录在同义词子表中的位置而具体确定。以图 8.11 的开散列表为例，查找成功的平均查找长度为(1+1+2+1+1+1+2+1+1+2+3+4)/12=20/12。括号中的数字是各记录查找成功时所对应的比较关键字的次数。

在开散列表等概率情况下，计算查找不成功的平均查找长度，将散列地址分别等于 0,1,2,…,12 时，确定查找不到而需要比较关键字的次数加起来，除以散列地址的总个数即得。以图 8.11 的开散列表为例，查找不成功的平均查找长度为(1+0+2+1+0+1+2+0+0+0+1+0+4)/13=12/13。括号中的数字是当散列地址分别等于 0,1,2,…,12 时，确定查找不到而需要比较关键字的次数。

2. 闭散列表上进行查找、插入、删除

在闭散列表上的查找过程和建表过程相似。下面以线性探测法作为解决冲突的方法，给出闭散列表上的查找算法。

```
int seq_hash_search(KEYTYPE k, HASHTABLE *htl, int m)
{
    int d, i = 0;
    d = h(k);
    while(i < m && htl[d].key != k && htl[d].key != NULL)
      { i++;
        d = (d + 1)% m;}
    if(htl[d].key != k)
        d = NULL;
    return d;
}
```

在闭散列表上插入记录，和在开散列表上插入记录一样，必须先调用查找算法，当确定查找不成功即该记录不存在时，可将记录插入。而在闭散列表上删除记录的操作有些难度。要从闭散列表 HTL 中删除一个记录，不能简单地将这个记录所在的单元清空，这是因为在处理“冲突”和“堆积”的过程中此记录也许还有后继记录，所以只能标上被删除的标记，否则会影响以后的查找。例如，给定一组关键字(bat,cat,bee)，散列函数为取第一个字母在字母表中的序号，即 H(“bat”)=2，H(“cat”)=3，H(“bee”)=2，用线性探测法处理冲突构成闭散列表，分别存入 HTL[2]、HTL[3]、HT[4]单元中。如果删除 bat 时简单地将 HTL[2]单元置空，则在查找 bee 时因在 HTL[2]单元中查到为空即确定 bee 不在此表中，而发生错误。如果在删除时标上删除标记，则在查找 bee 的过程中，当在 HT[2]单元中查到为删除标记时，继续按线性探测法算得的探查地址序列依次查找，即可找到 bee 记录，不会发生错误。

在闭散列表等概率查找的情况下，计算查找成功的平均查找长度，也是将查找各个记录需要比较关键字的次数加起来，除以总的记录个数即得。其中每一个记录需要比较关键字的次数与处理冲突的方法有关，并因处理冲突和堆积的具体情况而确定。在图8.12(a)闭散列表上，每一个记录上面圆圈中的数字即为对应该记录的查找次数，所以查找成功的平均查找长度为(1+1+1+1+1+2+2+2+1+3+5)/11=20/11。计算查找不成功的平均查找长度，可将散列地址分别等于0,1,2,…,12时，确定查找不到而需要比较关键字的次数加起来，除以散列地址的总个数即得。在图8.12(a)闭散列表上，查找不成功的平均查找长度为(7+6+5+4+3+2+1+0+0+0+1+0+10)/13=39/13。

8.5 应用举例及分析

例8-3 判断以下叙述的正确性。

(1) 顺序查找方法只能在顺序存储结构上进行。

错误。顺序查找方法也可以在链表存储结构上进行。

(2) 二分查找可以在有序的双向链表上进行。

错误。二分查找只能在顺序存储的有序表上进行。

(3) 二叉排序树是用来进行排序的。

错误。二叉排序树主要用于改进一般二叉树的查找效率。

(4) 在二叉排序树中，每个结点的关键字都比左孩子关键字大，比右孩子关键字小。

正确。

(5) 每个结点的关键字都比左孩子关键字大，比右孩子关键字小，这样的二叉树都是二叉排序树。

错误。二叉排序树中，左子树上所有结点的关键字均小于根结点的关键字；右子树上所有结点的关键字均大于根结点的关键字。而不是仅仅与左、右孩子结点的关键字进行比较。第(4)题命题是正确的。反之错误。

(6) 在二叉排序树中，新插入的结点总是处于最底层。

错误。新结点插入总是处于叶子结点。叶子结点所在的层不一定是最底层。

(7) 散列冲突是指同一个关键字对应多个不同的哈希地址。

错误。散列冲突是指多个不同的关键字对应同一个散列地址。

(8) 在用线性探测法处理冲突的散列表中，散列函数值相同的关键字总是存放在一连续的存储单元中。

错误。不一定。

例8-4 画出对长度为10的有序表进行二分查找的判定树，并求其等概率时查找成功的平均查找长度。10个有序的整数序列为(10,20,30,40,50,60,70,80,90,100)。对应的二分查找的判定树如图8.13所示。

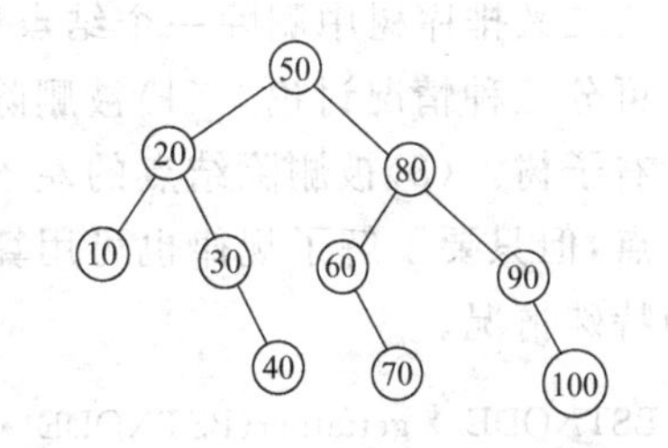

图8.13 例8-2中对应的二分查找判定树

判定树共四层，第一层表示比较一次可查到的结点有一个，第二层表示比较二次可查到的结点有两个,第三层表示比较三次可查到的结点有四个,第四层表示比较四次可查到的结点有三个。计算等概率时查找成功的平均查找长度为(1+2+2+3+3+3+3+4+4+4)/10=29/10。

例 8-5 试述顺序查找法、二分查找法和分块查找法对被查找的表中元素的要求。对长度为 n 的表来说,三种查找法在查找成功时的平均查找长度各是多少?

顺序查找法对查找表中元素无要求。表中元素可以任意存放。

二分查找法要求表中元素必须顺序存储,并以关键字的大小递增或递减存放。

分块查找法要求表中元素分块,块与块之间必须关键字递增(或递减)存放,即前一块内所有元素的关键字都小于(或大于)后一块内所有元素的关键字。每块内的元素可任意次序存放,也可有序存放。

顺序查找法查找成功的平均查找长度为$(n+1)/2$。

二分查找法查找成功的平均查找长度当 n 较大时为 $\log_2(n+1)-1$。

分块查找法:若用顺序查找确定所在的块,平均查找长度为 $1/2(n/s+s)+1$;若用二分查找确定所在块,平均查找长度为 $\log_2(n/s+1)+s/2$。s 为每块含有的元素个数。

例 8-6 已知一长度为 12 的关键字序列(Jan,Feb,Mar,Apr,May,Jun,Jul,Aug,Sep,Oct,Nov,Dec),

(1) 试按表中元素的次序建立一棵二叉排序树,画出此二叉排序树,并求在等概率情况下的查找成功的平均查找长度。

(2) 对上面的二叉排序树进行中序遍历,获得一有序表,求在等概率情况下对此有序表进行二分查找时查找成功的平均查找长度。

此题中的关键字是字符串,比较关键字需按英文字母在 ASCII 码表中的编码大小进行比较。以此原则建立的二叉排序树如图 8.14 所示。计算等概率下查找成功的平均查找长度,将查找每个记录比较关键字的次数相加除以记录个数即得(1+2+2+3+3+3+4+4+4+5+5+6)/12=42/12。

对上面的二叉排序树进行中序遍历,获得的有序表为(Apr,Aug,Dec,Feb,Jan,Jun,Jul,Mar,May,Nov,Oct,Sep),对此有序表进行二分查找时,求在等概率情况下查找成功的平均查找长度,其方法与上题中描述的方法一样,为(1+2+2+3+3+3+3+4+4+4+4+4)/12=37/12。

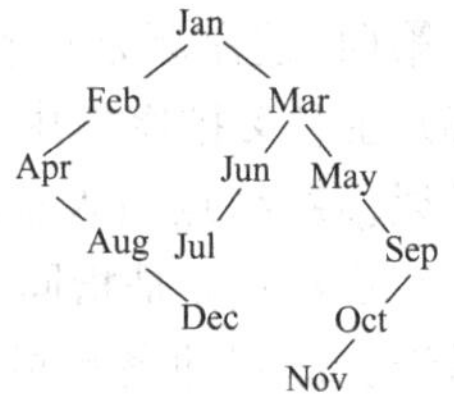

图 8.14 例 8-6 中关键字对应建立的二叉排序树

例 8-7 二叉排序树上删除一个结点的算法。

从二叉排序树中删除一个结点后,要保证删除后所得的二叉树仍是一棵二叉排序树。可分三种情况讨论。(1)被删除结点是叶子结点。(2)被删除结点只有左子树或只有右子树。(3)被删除结点的左子树和右子树均不空。这种情况比上两种情况要复杂一点,但只要了解了规律也可用算法实现。算法中还需考虑被删除结点是否是根结点的特殊情况。

```
BSTNODE *getfather(BSTNODE *p, BSTNODE *r)
  {
```

```
BSTNODE * pf;
if(r == NULL || p == r)
   pf = NULL;
else
   { if(p == r->lchild || p == r->rchild)
        pf = r;
     else if(p->key > r->key)
             pf = getfather(p, r->rchild);
          else
             pf = getfather(p, r->lchild);}
     return pf;
   }

BSTNODE * dele_bst(BSTNODE * p, BSTNODE * r)
{
 BSTNODE * temp, * tfather, * pf;

 pf = getfather(p, r);
 if(p->lchild == NULL && p->rchild == NULL && pf != NULL)
          //被删结点是叶子结点,不是根结点
      if(pf->lchild == p)
         pf->lchild = NULL;
      else
         pf->rchild = NULL;
 if(p->lchild == NULL && p->rchild == NULL && pf == NULL)
          //被删结点是叶子结点,又是根结点
    r = NULL;
 if(p->lchild == NULL && p->rchild ! = NULL && pf != NULL)
          //被删结点有右孩子,无左孩子。被删结点不是根结点
        if(pf->lchild == p)
            pf->lchild = p->rchild;
        else
            pf->rchild = p->rchild;
 if(p->lchild == NULL && p->rchild != NULL && pf == NULL)
        //被删结点有右孩子,无左孩子。被删结点是根结点
      r = p->rchild;
 if(p->lchild != NULL && p->rchild == NULL && pf != NULL)
        //被删结点有左孩子,无右孩子。被删结点不是根结点
        if(pf->lchild == p)
            pf->lchild = p->lchild;
        else
            pf->rchild = p->lchild;
 if(p->lchild != NULL && p->rchild == NULL && pf == NULL)
      //被删结点有左孩子,无右孩子。被删结点是根结点
      r = p->lchild;
 if(p->lchild != NULL && p->rchild != NULL) //被删结点有左孩子,又有右孩子
          { temp = p->lchild; tfather = p;
            while(temp->rchild != NULL)
              {tfather = temp;
```

```
                    temp = temp->rchild;}
                p->key = temp->key;
                if(tfather != p)
                    tfather->rchild = temp->lchild;
                else
                    tfather->lchild = temp->lchild;}
    printf("\n");
    if(r != NULL)
        printf("二叉排序树的根是 : %d\n", r->key);
    else
        printf("二叉排序树空!");
    return r;
}
```

例 8-8 在开散列表上插入元素的算法。

假设一个开散列表的散列函数为 H(key)=key MOD 13。假设插入元素为有效数据可进行插入。为了简化算法,表中记录只含一个正整型量关键字字段,记录的其余数据部分忽略不考虑。

```
insert_chain_hash(CHAINHASH * HTC[], int i)
{//元素插入散列表中
 CHAINHASH * p;
 int j;

 j = i % 13;           //散列函数: ADD(rec(key)) = key MOD 13
 p = (CHAINHASH * ) malloc(sizeof(CHAINHASH));      //生成结点,挂入开散列表中
 p->next = HTC[j];
 p->key = i;
 HTC[j] = p;
}
```

习　题

8-1 单项选择题。

(1) 在二叉排序树中,凡是新插入的结点,都是没有________的。

A. 孩子　　B. 关键字　　C. 左孩子　　D. 右孩子

(2) 只有在顺序存储结构上才能实现的查找方法是________法。

A. 顺序查找　　B. 二分查找　　C. 树形查找　　D. 散列查找

(3) 有一个长度为 12 的有序表,按二分查找法对该表进行查找,在表内各元素等概率情况下,查找成功所需的平均比较次数为________。

A. 35/12　　B. 37/12　　C. 39/12　　D. 43/12

(4) 有一个有序表 R[1…13]=(1,3,9,12,32,41,45,62,75,77,82,95,100),当用二分查找法查找值为 82 的结点时,经________次比较后查找成功。

A. 1　　B. 2　　C. 4　　D. 8

(5) 如图 8.15 所示的一棵二叉排序树,其不成功的平均查找长度是________。

A. 21/7　　B. 28/7　　C. 15/6　　D. 21/6

(6) 采用分块查找时,若线性表中共有 625 个元素,查找每个元素的概率相同,假设采用顺序查找来确定结点所在的块,则每块分为________个结点最佳。

A. 9　　B. 25

C. 6　　D. 625

(7) 设散列表长 m=14,散列函数 H(key)=key mod 11。表中已有 4 个结点 addr(15)=4,addr(38)=5,addr(61)=6,addr(84)=7,其余地址为空。如用二次探测再散列法处理冲突,则关键字为 49 的结点的地址是________。

A. 8　　B. 3　　C. 5　　D. 9

(8) 散列表的平均查找长度________。

A. 与处理冲突方法有关而与表的长度无关

B. 与处理冲突方法无关而与表的长度有关

C. 与处理冲突方法有关且与表的长度有关

D. 与处理冲突方法无关且与表的长度无关

8-2 判断以下叙述的正确性。

(1) 用顺序表和单链表表示的有序表均可使用二分查找方法来提高查找速度。

(2) 有 n 个数存放在一维数组 A[1…n]中,在进行顺序查找时,这 n 个数的排列有序或无序其平均查找长度不同。

(3) 二叉排序树的任意一棵子树中,关键字最小的结点必无左孩子,关键字最大的结点必无右孩子。

(4) 散列表的查找效率主要取决于散列表造表时选取的散列函数和处理冲突的方法。

(5) 二叉排序树上的查找都是从根结点开始的,查找失败一定落在叶子上。

8-3 可以生成图 8.16 所示二叉排序树的关键字初始排列有很多种,请写出其中的 5 种。

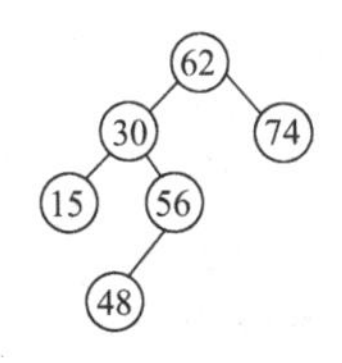

图 8.15　题 8-1 中第 5 小题的图

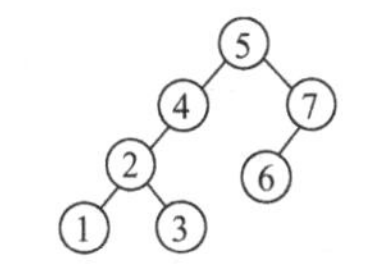

图 8.16　题 8-3 中的图

8-4 已知一任意关键字序列(19,14,22,01,66,21,83,27,56,13,10,50),

(1) 按元素在序列中的次序建立一棵初始为空的二叉排序树,画出完成后的二叉排序树。

(2) 在(1)基础上插入结点 24 后,画出对应的二叉排序树。

(3) 在(2)基础上删除结点 66 后,画出对应的二叉排序树。

8-5 在地址空间为 0~16 的散列区域中,对下面关键字序列构造两个散列表,

(Jan,Feb,Mar,Apr,May,June,July,Aug,Sep,Oct,Nov,Dec)

(1) 用闭散列表线性探测法处理冲突;

(2) 用开散列表链地址法处理冲突。

设函数为 $H(x)=i/2$,其中 i 为关键字的第一个字母在字母表中的序号。画出两个散列表,并分别求这两个散列表在等概率情况下查找成功的平均查找长度及查找不成功的平均查找长度。

8-6 编写程序,实现在顺序表上顺序查找元素。

8-7 编写程序,实现在有序表上二分法查找元素。

8-8 编写程序,实现在开散列表上查找元素。

8-9 编写程序,实现在开散列表上插入元素。

8-10 编写程序,实现在闭散列表上查找元素。

8-11 编写二叉排序树的综合练习程序。加深对二叉排序树的建立、插入、查找、删除、显示等算法的理解。

实 训 题

8-12 分别画出在线性表(a,c,e,f,g,j,k,m,n)中进行二分查找,以查关键字等于 b,k 的过程。

8-13 将二分法查找算法改写成递归算法。

8-14 写一算法,实现顺序表上的顺序查找,并将监视哨设在高端。

8-15 编写程序,实现在开散列表上删除元素。

8-16 编写程序,实现在闭散列表上插入元素。

内部排序

9.1 基本概念

排序(sorting)是计算机程序设计中的一种重要操作。它的功能是将一组数据元素(或记录)从任意序列排列成一个按关键字排序的序列。

为了查找方便,有时希望查找表中的记录是按关键字有序排列的,在有序的顺序表上可以采用效率较高的二分查找法,其平均查找长度是 $\log_2(n+1)-1$(当 n 较大时),而无序的顺序表上只能进行顺序查找,其平均查找长度是 $(n+1)/2$。又如对于任意关键字序列构造一棵二叉排序树的过程本身就是一个排序的过程。因此,为了提高计算机对数据处理的工作效率,有必要学习和研究各种排序的方法和对应的算法。

首先对排序下一个确切的定义:假设含有 n 个记录的序列为 $\{R_1,R_2,\cdots,R_n\}$,其相应的关键字序列为 $\{K_1,K_2,\cdots,K_n\}$。将这些记录重新排序为 $\{R_{i1},R_{i2},\cdots,R_{in}\}$,使得相应的关键字值满足条件 $K_{i1}\leqslant K_{i2}\leqslant\cdots\leqslant K_{in}$,这样的一种操作称为排序。

上述排序定义中的 K_i 可以是记录 $R_i(i=1,2,\cdots,n)$ 的主关键字,也可以是记录 R_i 的次关键字。若 K_i 是主关键字,则任何一个无序序列经排序后得到的结果是唯一的。若 K_i 是次关键字,则排序后得到的结果不是唯一的,因为待排序的记录中可能存在两个或两个以上次关键字相等的记录。假设 $K_i=K_j(1\leqslant i\leqslant n,1\leqslant j\leqslant n,i\neq j)$,如果在排序前的序列中 R_i 领先于 R_j(即 $i<j$),而在排序后的序列中 R_i 仍领先于 R_j,则称所用的排序方法是稳定的;反之,若在排序后的序列中 R_j 领先于 R_i,则称所用的排序方法是不稳定的。对稳定的排序方法,任举多少组关键字的实例都应得到稳定的结果,对不稳定的排序方法,只要举出一组关键字的实例说明它的不稳定性即可断定。

排序方法从另一个角度又可分为内部排序和外部排序两大类。内部排序指的是待排序的记录都存放在计算机内存中的排序过程;而外部排序是指因记录数量很大以至于内存不能容纳全部记录,在排序中需对外存进行访问的排序过程。本章讨论的排序算法都是内部排序。

内部排序的方法很多,每种方法都有各自的优点和缺点,适合于不同的环境,如记录的初始状态,记录数量的多少等等。但就全面性能而言,很难指明哪种排序方法是最好的方法。在学习各种排序方法时除了掌握算法的实现过程以外,更重要的是了解它们的设计思想和算法的时间分析。

待排序的记录序列可以是顺序存储结构，也可以是链表存储结构。本章讨论中若无特殊说明外，都假定待排序的记录均以顺序存储结构存放。且为了讨论方便，设记录的关键字均为整数。待排序记录的数据类型说明如下：

```
#define MAXSIZE 100
#define KEYTYPE int

typedef struct
{   KEYTYPE key;
    otherdata ……; // 记录的其余数据部分，在下面的讨论和算法中忽略不考虑
}RECNODE;
RECNODE r[MAXSIZE]
```

若无特别说明，以下均按递增序列讨论排序，并假定记录的总数为 n 个。按排序过程中依据的不同原则可将内部排序方法分成插入排序、交换排序、选择排序、归并排序和基数排序等五类。按内部排序过程的时间复杂度可分成：①简单排序方法，其时间复杂度为 $O(n^2)$；②先进的排序方法，其时间复杂度为 $O(n\log_2 n)$；③基数排序方法，其时间复杂度为 $O(d\times n)$。

9.2 三种简单排序方法

9.2.1 直接插入排序

直接插入排序的基本操作是逐个处理待排序列中的记录，将其与前面已排好序的子序中记录进行比较，确定要插入的位置，并将记录插入子序中。例如，已知一组记录的关键字值初始排列如下：

42　20　17　13　28　14　23　15

开始时，把第一个记录看成是已经排好序的子序，这时子序中只有一个记录。从第二个记录起到最后一个记录，依次将记录和前面子序中的记录比较，确定记录插入的位置，然后将记录插入到子序中，子序记录个数加 1，直至子序长度和原来待排序列长度一致时结束。图 9.1 给出了直接插入排序的过程示意图。

直接插入排序的算法如下：

```
void insertsort(RECNODE *r, int n)
{
    int i,j;
    for (i = 2; i <= n; i++)
      { r[0] = r[i];
        j = i - 1;
        while(r[0].key < r[j].key)
           { r[j + 1] = r[j];
             j--; }
        r[j + 1] = r[0];}
}
```

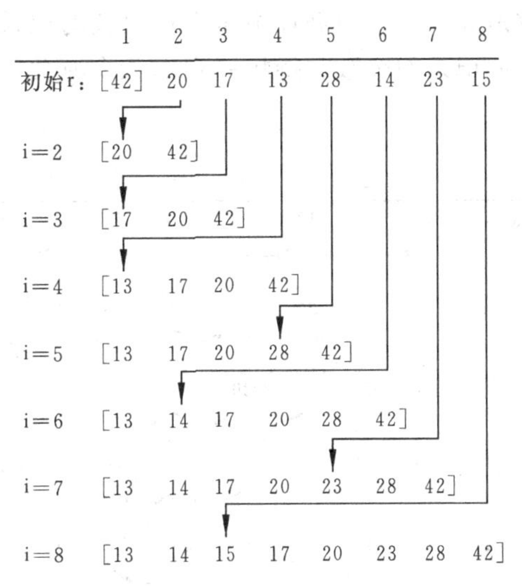

图 9.1　直接插入排序示例

该算法中，待排序列的记录是从 r[1]开始存放的，而 r[0]起监视哨的作用，在每一趟插入排序前，将待插记录 r[i]复制到 r[0]中，不致于因记录的后移而使其丢失；另外，在 while 循环的控制条件中，不必考虑 j 在递减过程中是否会越界，它能有效地控制 while 循环的正常结束。r[0]这种监视哨的作用在算法的有些场合中被利用，可节约相当可观的算法运行时间。算法中，待插记录在子序中的比较也可以是从前向后进行，监视哨也可设在待排序列的高端，对应的算法请读者自行设计完成。

直接插入排序算法由嵌套的两个循环组成。外层循环为 $n-1$ 次，内层循环 while 的循环次数稍稍复杂些。算法的最佳情况出现在原序列中的记录已经按关键字排好序时，每个记录刚进入内层循环就退出，没有记录需要移动，算法的时间复杂度只和外循环有关，为 $O(n)$。算法的最差情况出现在每个记录进入 while 循环都必须比较到子序的最前端，子序中每个记录都必须移动，待插记录方可插入，算法的时间复杂度为 $O(n^2)$。考虑到平均情况是每个记录进入 while 循环后都比较和移动一半记录，算法的时间复杂度仍为 $O(n^2)$。

直接插入排序算法是稳定排序。

9.2.2 冒泡排序

冒泡排序又称**简单交换排序**。排序前将待排序列的记录存放在 r[0]到 r[n－1]中。第一趟扫描从序列的高端位置向前依次比较相邻两个记录的关键字，当 r[n－1].key＜r[n－2].key 时，将 r[n－1]记录和 r[n－2]记录交换，保证两个记录中小的在 r[n－2]中；再看当 r[n－2].key＜r[n－3].key 时，将 r[n－2]和 r[n－3]记录交换，此时原来 r[n－1]，r[n－2]，r[n－3]三个记录中关键字最小的记录一定存放在 r[n－3]中。依次类推向前逐一比较，第一趟扫描结束时，在 r[0]中一定存放了待排序列中关键字最小的记录。第二趟扫描的范围是从高端位置向前至 r[1]记录为止，扫描结束时，在 r[1]中一定是待排序列中关键字次小的记录。如此类推，完成记录的排序。该算法由二层嵌套的循环组成，外循环执行次数是 $n-1$ 次，内循环中需进行比较的记录个数从第一次的 n 个逐次减少 1 个，内循环中交换记录的个数和待排序列的状态有关。图 9.2 是冒泡排序的示意图。

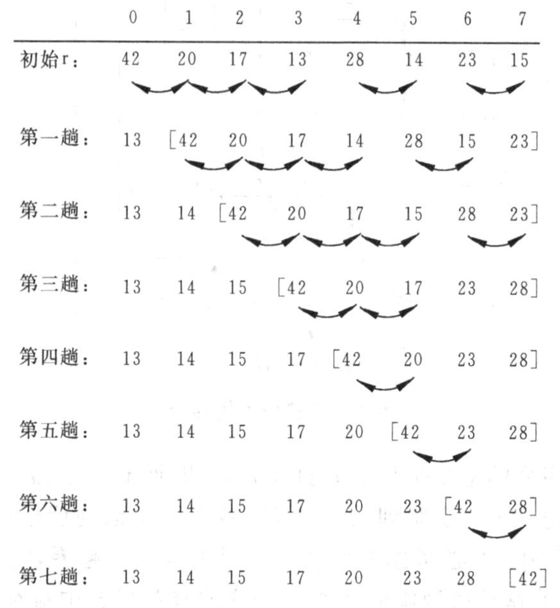

图 9.2　高端向前扫描的简单交换排序示例

算法如下：

```
void bublesort(RECNODE * r, int n)
{
    int i, j;
    RECNODE temp;
    for(i = 0; i < n - 1; i++)
        for(j = n - 2; j >= i; j--)
            if (r[j + 1].key < r[j].key)
              {  temp = r[j + 1];
                 r[j + 1] = r[j];
                 r[j] = temp;}
}
```

这个算法中是从高端向前扫描实现排序，每次放好一个当前关键字最小的记录。也可以考虑从低端向后扫描实现排序，每次放好一个当前关键字最大的记录，读者可自行编写对应的算法。

分析算法的两个嵌套的循环可以得到，外循环的次数是 $n-1$ 次，内循环中每次需进行比较的记录个数从第一次的 n 个有规律地逐次减 1，和记录的状态无关，所以算法的最佳、平均、最差情况下的时间复杂度几乎是相同的 $O(n^2)$。另外当某一次内循环操作中只有比较记录的操作而没有交换记录的操作时，表示待排序列已经排好，算法可以考虑中止结束。因此，可在算法中引入一个布尔量 noswap 来检查一次内循环中有无交换记录的操作，这样可以大大提高算法的效率，读者可按上述思路自行修改算法。

冒泡排序是稳定排序。

9.2.3 简单选择排序

简单选择排序的实现思路是基于冒泡排序的方法，排序前也是将待排序列的记录存放在 r[0]到 r[n−1]中。它比较独特的地方是很少交换记录。在第一趟排序过程中扫描整个待排序列，在逐个比较记录的关键字时，用一个整型变量跟踪当前最小关键字的记录的序列位置，至第一趟扫描结束时即得到了整个待排序列中的最小关键字记录的序列位置，并将这个记录和序列中的第一个记录 r[0]交换。第二趟扫描的范围就是除第一个位置上的记录外的其余记录，操作的结果得到整个待排序列中关键字次小的记录的序列位置，再将这个记录和序列中的第二个记录 r[1]交换。如此扫描 $n-1$ 次，每次处理的记录个数从 n 个逐次减 1，扫描过程中只有比较记录关键字的操作，无交换记录的操作，每次扫描结束时才可能有一次交换记录的操作。图 9.3 是简单选择排序过程的示意图。

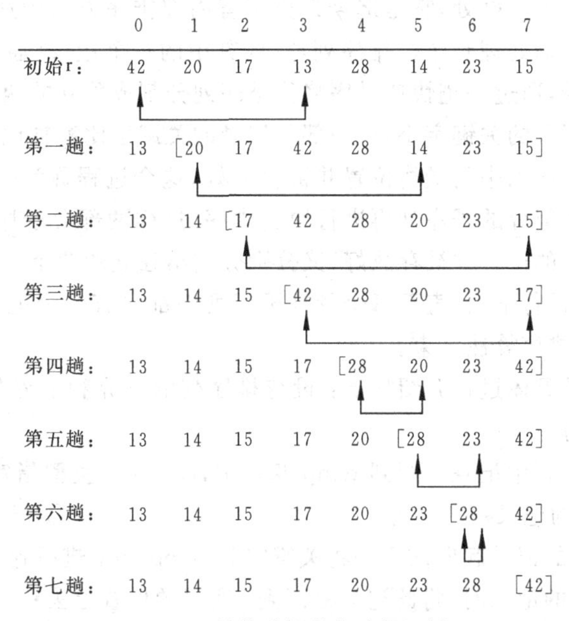

图 9.3 简单选择排序过程示例

算法如下：

```
void selesort(RECNODE * r, int n)
{
    int i,j,k;
    RECNODE temp;
    for (i = 0; i < n - 1; i++)
      { k = i;
        for(j = i + 1; j < n; j++)
            if(r[j]. key < r[k]. key)
```

```
            k = j;
        if(k != i)
        { temp = r[i];
          r[i] = r[k];
          r[k] = temp;} }
}
```

算法的平均时间复杂度仍是 $O(n^2)$，但因实际上每一次扫描中只有比较记录的操作，在每次扫描结束时才可能执行一次交换记录的操作，所以交换记录的次数要比冒泡排序法少很多。

交换排序是不稳定排序，很容易找到验证的例子。

9.3 快速排序

若快速排序用得恰到好处，它是迄今为止所有内部排序方法中速度最快的一种。它的基本思路是：第一趟处理整个待排序列，选取其中的一个记录(通常可选第一个记录)作为枢轴(支点)记录，通过一趟快速排序将待排序列分割成独立的两个部分，前一部分记录的关键字比枢轴记录的关键字小，后一部分记录的关键字比枢轴记录的关键字大，枢轴记录得到了它在整个序列中的最终位置并被存放好，这个过程称为一趟快速排序。第二趟即分别对分割成两部分的子序列再进行快速排序，这样两部分子序列中的枢轴记录也得到了最终在序列中的位置并被存放好，又分别分割出独立的两个子序。很显然，这是一个递归的过程，不断进行下去，直至每个待排子序列中都只有一个记录时为止，此时整个待排序列已排好序，排序算法结束。

一趟快速排序的具体过程介绍如下：设待排序列的下界和上界分别是 low 和 high，设 r[low]是枢轴记录。

(1) 首先将 r[low]中记录复制到 temp 变量中，i，j 两个整型指针变量分别指向 low 和 high 所在位置上的记录；

(2) 先从 j 所指的记录起向前逐一将关键字和 temp. key 进行比较，当找到第一个关键字小于 temp. key 的记录时，将此记录复制到 i 所指的位置上去；

(3) 然后从 i+1 所指的记录起向后逐一将关键字和 temp. key 进行比较，当找到第一个关键字大于 temp. key 的记录时，将此记录复制到 j 所指的位置上去；

(4) 然后再从 j－1 所指的记录重复上面(2)，(3)这二步，直至 i=j 为止，将 temp 中的记录放回到 i(或 j)位置上。

一趟快速排序结束时，产生了两个独立的待排子序列，它们的范围是(r[low]，…，r[i－1])和(r[i+1]，…，r[high])。以任意关键字序列

70　73　69　23　93　18　11　68

为例，一趟快速排序的过程如图 9.4(a)所示。整个快速排序的过程可递归进行，如图 9.4(b)所示。

对应的算法如下：

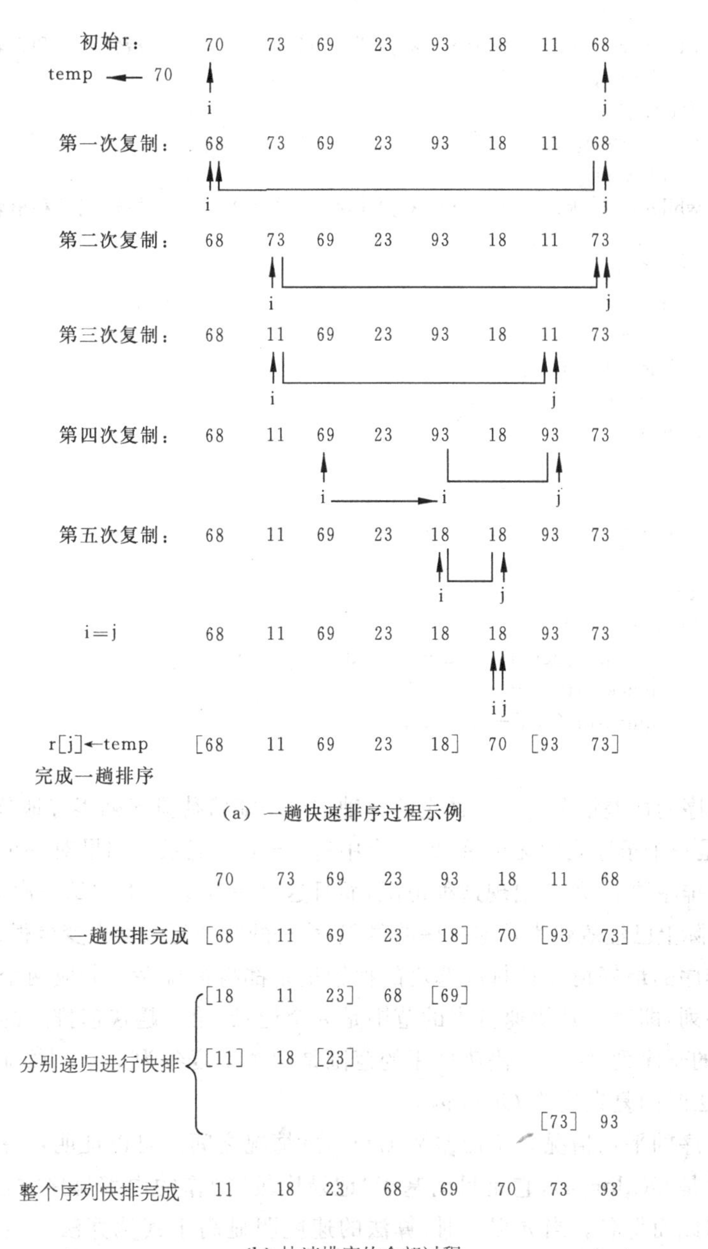

(a) 一趟快速排序过程示例

(b) 快速排序的全部过程

图 9.4 快速排序示例

```
int partition(RECNODE * r, int * low, int * high)
{
   int i, j;
   RECNODE temp;
   i = * low;
   j = * high;
   temp = r[i];           // 枢轴记录保存在 temp 中
```

```
    do {
        while((r[j].key >= temp.key) && (i < j))      // j 指针记录和枢轴记录比较
            j--;
        if(i < j)
        {  r[i] = r[j];
           i++;}
        while((r[i].key <= temp.key) && (i < j))      // i 指针记录和枢轴记录比较
            i++;
        if(i < j)
        {  r[j] = r[i];
           j--;}
      }while(i != j);
    r[i] = temp;
    return i;
  }

  void quicksort(RECNODE *r, int start, int end)
  {
      int i;
      if(start < end)
        {  i = partition(r, &start, &end);
           quicksort(r, start, i - 1);
           quicksort(r, i + 1,end);}
}
```

快速排序的最差情况是每次选定的枢轴记录不能将待排序列很好地分割成两个独立的子序列,而是一个子序列中无记录,另一个中有 $n-1$ 个记录。如果对一个原来已排好序的序列作快速排序的话,就会出现这种情况,而且这种情况会发生在每一次分割过程中,这时快速排序实际上已经蜕化为冒泡排序的过程,算法的时间复杂度也变得很差,为 $O(n^2)$。

快速排序的最好情况是每次选定的枢轴记录都将待排序列分成两个独立的长度几乎相等的子序列,即第一趟快速排序的范围是 n 个记录,第二趟快速排序的范围是两个长度各为$\lfloor n/2 \rfloor$的子序列,第三趟快速排序的范围是四个长度各为$\lfloor \lfloor n/2 \rfloor /2 \rfloor$的子序列,依此类推,整个算法时间复杂度为 $O(n\log_2 n)$。

快速排序的平均情况介于最差情况和最好情况之间。可以证明:快速排序的平均时间复杂度也是 $O(n\log_2 n)$,它是目前基于“记录比较”操作的内部排序方法中速度最快的,该方法也因此而得名。当 n 很大时,算法的速度明显高于其他算法。但是由于它的最差时间复杂度是 $O(n^2)$,所以在序列基本排好的情况中要避免使用。

9.4 堆排序

堆排序是树形选择排序的改进算法。而树形选择排序又是在简单选择排序基础上的改进算法。简单选择排序的主要操作是进行关键字的比较,如果能减少比较的次数而又完成排序则就能提高排序的速度。显然在 n 个关键字中选出最小值,至少要进行 $n-1$ 次比较;而在剩下的 $n-1$ 个关键字中选择次小值并非一定要进行 $n-2$ 次比较,若能利用前

面 $n-1$ 次比较的信息，就可以减少以后各趟选择排序中的比较次数。例如，序列

70 73 69 23 93 18 11 68

$n=8$，如果按锦标比赛淘汰制选冠军的方法找最小值，可以用图 9.5(a)示意的过程选出序列的最小值。图中关键字 11 就是最小值。最小值的得到，共比较了 $n-1=7$ 次。而选次小值时可利用前面的比较信息，将序列中的最小关键字 11 改为最大值∞(或机器所允许的最大值)，然后再进行比较，如图 9.5(b)中进行 3 次比较，就选到了次小关键字为 18。从上例中可看到选择次小值就不需要 $n-2$ 次而只需要$\lceil \log_2 n \rceil$次比较。再将序列中最小关键字 18 改为最大值∞，选择下一个次小关键字的过程如图 9.5(c)所示。

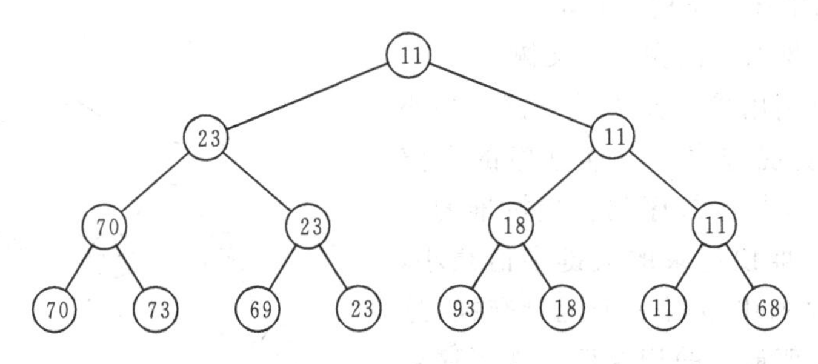

(a) 选择最小关键字过程示意

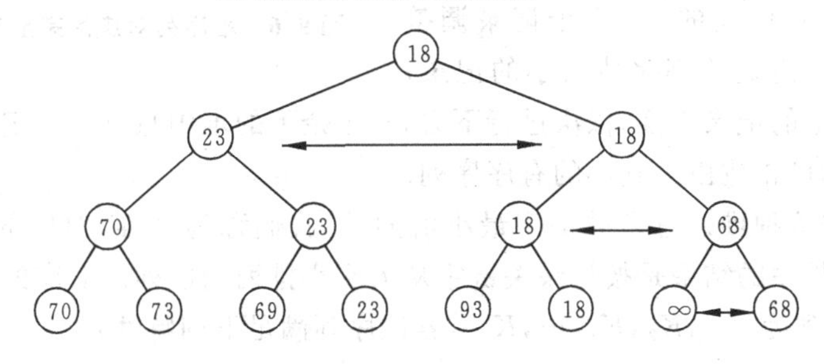

(b) 选择次小关键字过程示意

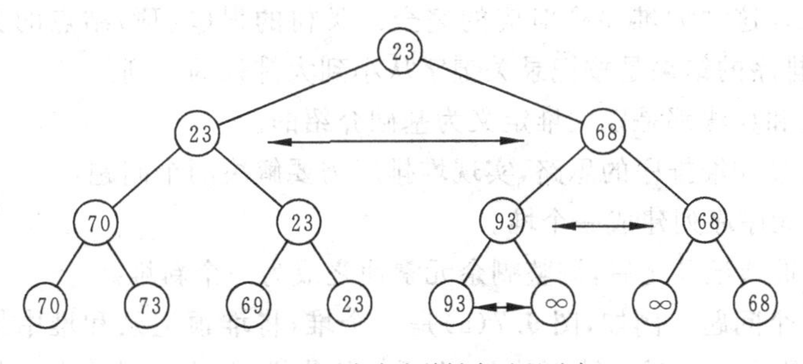

(c) 选择下一个次小关键字过程示意

图 9.5 树形选择排序示例

这种方法我们称为树形选择排序方法。除了选择第一个最小关键字需对 n 个记录进行 $n-1$ 次关键字比较外，每选择一个次小关键字都只需$\lceil \log_2 n \rceil$次比较，因此排序时间大大缩短。时间复杂度为 $O(n\log_2 n)$。但是这种方法的缺点是辅助空间占用较多，和最大值∞的比较也是多余的。下面的堆排序是在此树形选择排序基础上的进一步改进。

首先给出堆的定义：n 个关键字值序列为$\{K_1,K_2,K_3,\cdots,K_n\}$，若该序列满足下列特性：

$$K_i \leqslant K_{2i}，而且\ K_i \leqslant K_{2i+1} \quad (i=1,2,\cdots,\lfloor n/2 \rfloor)$$

该序列称为堆。例如，(05,23,16,68,94,72,71,73)就是一个堆。

从堆的定义看出，如果将一个为堆的序列看成是一棵完全二叉树的顺序存储序列，则对应的完全二叉树具有下列性质：

(1) 树中所有非叶子结点的关键字均小于它的孩子结点。如此对应的完全二叉树的根(堆顶)结点的关键字是最小的，也就是整个堆序列中关键字最小的。

(2) 二叉树中任一子树也是堆。

图 9.6 就是堆对应的完全二叉树。

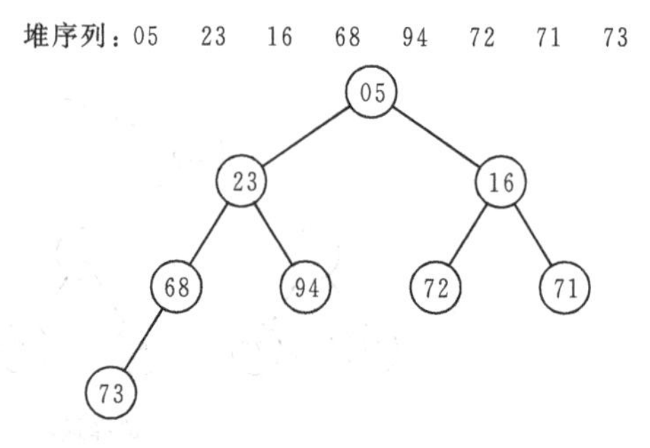

图 9.6　堆序列对应的完全二叉树示意图

堆排序正是利用堆顶元素的关键字最小这一特殊性来实现排序的。堆排序的思路是：将有 n 个记录的待排序列首先按堆的定义建成一个堆。堆顶记录的关键字值最小，将堆顶记录和序列中最后一个记录交换，这样序列中关键字值最小的记录已放在了序列的最后位置上。将前面的 $n-1$ 个记录调整为堆，堆顶记录一定是关键字值次小的记录，再和 $n-1$ 位置上的记录交换，依次进行下去，直至余下的堆中只有一个记录为止。这时，原来无序的序列已排成由大到小的有序序列。

上面介绍的这种堆顶总是关键字最小值的堆，我们称为小堆，对应的定义为小堆定义，按小堆定义排序的结果是按记录关键字从大到小排列的序列。对应的大堆定义如下：n 个关键字值序列为$\{K_1,K_2,K_3,\cdots,K_n\}$，若该序列满足下列特性：

$$K_i \geqslant K_{2i}，而且\ K_i \geqslant K_{2i+1} \quad (i=1,2,\cdots,\lfloor n/2 \rfloor)$$

该序列称为大堆。这种大堆序列对应的完全二叉树的根(堆顶)结点的关键字总是最大的，按大堆定义排序的结果是按记录关键字从小到大排列的序列。

下面的例子和算法都是以大堆定义为基础介绍的。

根据堆的定义和堆排序的思路，实现堆排序需要解决两个问题：

(1) 将一个无序序列建成一个堆。

(2) 在输出堆顶记录之后，调整剩余元素使之成为一个新堆。

先讨论第二个问题。例如，图 9.7(a)是一个堆，将堆顶记录和堆中最后一个元素交换，如图 9.7(b)所示。此时根结点的左、右子树均为堆，只有根结点要按堆的定义重新调整，按自上而下的原则进行调整：先将堆顶记录和其左、右子树的根结点比较，如果均大于左、右子树根结点的关键字值，则调整结束，否则和左、右子树根结点关键字大的那个记录交换，交换以后，沿着交换的子树分支继续按上述原则调整，直至叶子结点，这就实现了将剩余元素调整为一个新堆的操作。堆顶记录是最大值，调整过程如图 9.7 所示。调整为新堆过程的实质是关键字的比较和交换，我们将这个从堆顶至叶子自上而下的调整过程称为“筛选”。

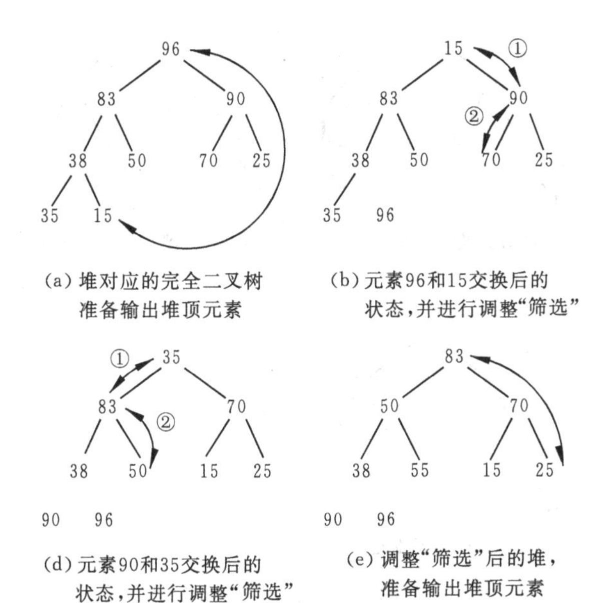

(a) 堆对应的完全二叉树准备输出堆顶元素

(b) 元素96和15交换后的状态，并进行调整“筛选”

(c) 调整“筛选”后的堆，准备输出堆顶元素

(d) 元素90和35交换后的状态，并进行调整“筛选”

(e) 调整“筛选”后的堆，准备输出堆顶元素

图 9.7　调整剩余元素为新堆的示意图

筛选算法如下：

```
void sift(RECNODE * r, int i, int m)
// i 是根结点编号，m 是以 i 结点为根的子树中最后一个结点的编号
{
    int j;
    RECNODE temp;
    temp = r[i]; j = 2 * i;          // j 为 i 根结点的左孩子
    while(j <= m)
        {  if(j < m && (r[j].key < r[j + 1].key))
              j++;                   // 当 i 结点有左、右孩子时，j 取关键字较大的孩子结点编号
           if(temp.key < r[j].key)     // 按堆定义调整，并向下一层筛选调整
              { r[i] = r[j];
                i = j;
                j = 2 * i; }
           else                      // 筛选调整完成，跳出循环
              break;}
    r[i] = temp;
}
```

现在解决第一个问题：将一个无序序列建成一个堆。此过程就是反复进行“筛选”的过程。对于有 n 个记录的无序序列，看成一个完全二叉树，所有 $i>\lfloor n/2 \rfloor$的结点 k_i 都没有孩子结点，可以把这些叶子结点看成是一个个的堆，每个堆中都只有一个结点。而从 $i=\lfloor n/2 \rfloor$的结点 k_i 开始直至 $i=1$ 的结点 k_1，依次将这些结点看成为根，并逐一将对应的完全二叉子树调整为堆，直到将以 k_1 为根的二叉树调整为堆为止，建堆过程完成。这整个过程从第$\lfloor n/2 \rfloor$个结点开始，是一个自下而上的过程。初始建堆的过程如图 9.8 所示。

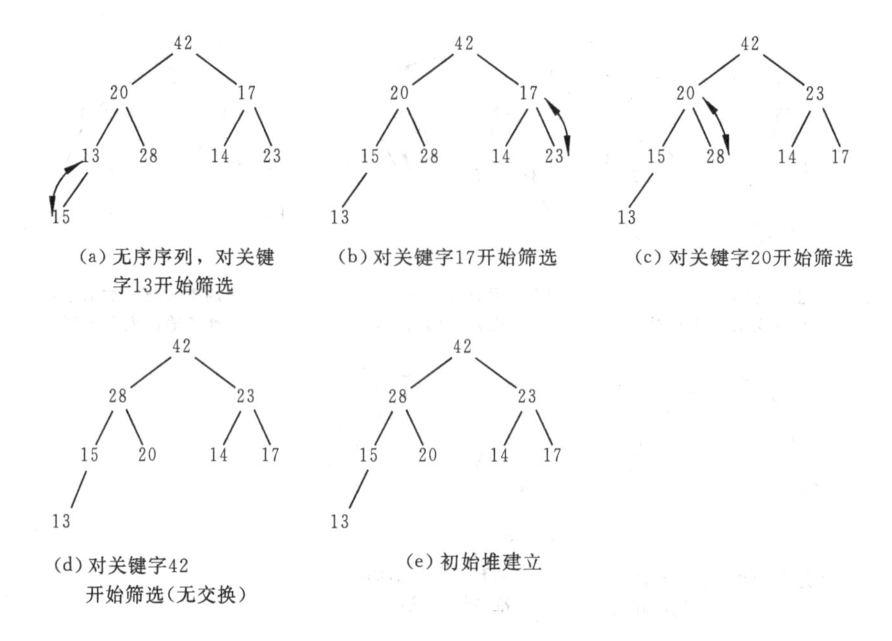

图 9.8 初始建堆(大堆)过程示例图

堆排序的算法如下：

```
void heapsort(RECNODE * r, int n)
// n 为表中记录数目,r[0]不使用
{
    int i;
    RECNODE temp;

    for(i = n/2; i >= 1; i--)
        sift(r, i, n);              // 对无序序列建成大堆
    for(i = n; i >= 2; i--)
        {   temp = r[1];            // 堆顶堆尾元素对换
            r[1] = r[i];
            r[i] = temp;
            sift(r,1,i - 1);        // 调整堆顶元素为新堆,每次都少处理一个记录
        }
}
```

堆排序适合于待排序的记录数较多的情况。对于 n 个记录进行堆排序的时间复杂度是 $O(n\log_2 n)$，在最差情况下，其时间复杂性仍是 $O(n\log_2 n)$。这是堆排序的最大优点。

堆排序是不稳定排序。

9.5 归并排序

归并排序利用归并技术来进行排序，归并技术可将若干个已排好序的子序合并成一个有序序列。

下面讨论将两个有序的子序合并成一个有序序列的算法。假设两个有序的子序是存储在同一个向量中相邻的两个子序,向量低端为 low,向量高端为 high,一个有序子序是从 r[low]到 r[m],另一个有序的子序是从 r[m+1]到 r[high](low≤m≤high)。可通过下面的算法将它们合并成一个有序序列。算法中,设 i, j 两个整型指针初始分别指向两个有序子序的起始位置 low 和 high;设一个辅助向量 $r1$,类型和 r 相同,设 k 整型指针指向向量 r 的起始位置。

(1) 合并时比较 r[i]和 r[j]的关键字,取小的记录复制到 r1[k]中,k 指针加 1 并对 i 或 j 指针加 1。

(2) 重复上述过程,直至 $i>m$ 或 $j>$high,将某子序序列中剩余部分复制到 $r1$ 序列的末尾,合并。

(3) 最后将 $r1$ 向量复制到 r 向量中。

两个有序的子序合并成一个有序序列的算法如下:

```
void merge(RECNODE  * r, int low, int m, int high)
{
    RECNODE r1[MAXSIZE];
    int i, j, k;
    i = low;
    j = m + 1;
    k = 0;
    while(i <= m && j <= high)
          if (r[i]. key <= r[j]. key)
            { r1[k] = r[i]; i++; k++; }
          else
            { r1[k] = r[j]; j++; k++; }
    while(i <= m)
          { r1[k] = r[i]; i++; k++;}
    while(j <= high)
          { r1[k] = r[j]; j++; k++;}
    for(i = low, k = 0; i <= high; i++, k++)
        r[i] = r1[k];

}
```

以两个有序的子序合并成一个有序序列的过程为基础的归并排序方法,称为二路归并排序。

二路归并排序开始时将待排序列看成 n 个已排好序的子序列,每一个子序列中只含有一个记录。将两个相邻的子序按上述算法 merge 逐一两两合并,得到$\lceil n/2 \rceil$个有序子序列。每个子序列中含有 2 个记录(最后一个可能只有 1 个记录的子序列),这是第一趟归并的结果。第二趟归并在第一趟归并的结果上进行,再将相邻的子序逐一两两合并,得$\lceil \lceil n/2 \rceil/2 \rceil$个有序子序列。如此类推,直到最后归并得到一个有序序列为止。图 9.9 是对下列序列实现二路归并的过程示例。

42　20　17　13　28　14　23　15　50　3

显然,每一趟归并中都反复调用 merge 算法,但子序的长度在每一趟归并中都不同,假设第一趟归并中子序的长度为 1,以后的每一趟归并排序中长度逐次扩大一倍。

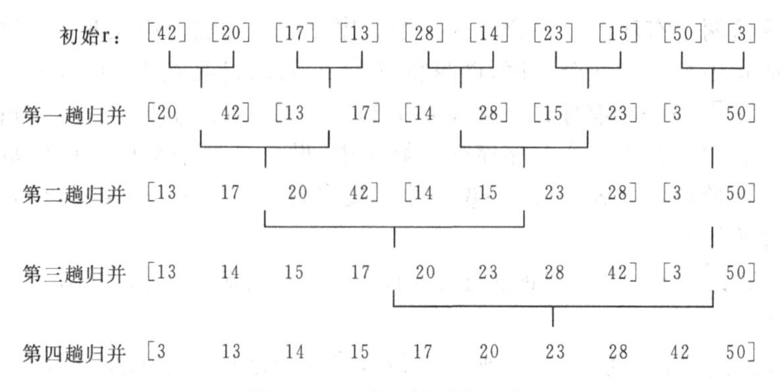

图 9.9 二路归并过程示意

一趟二路归并的算法如下(读懂此算法,关键是要分析清楚调用 merge 算法时的参数计算):

```
void merge_one(RECNODE *r, int lenth, int n)
{
    int i = 0;
    while(i + 2 * lenth - 1 < n)
      { merge(r, i, i + lenth - 1, i + 2 * lenth - 1); // 两子序列长度相等的
                                                        // 情况下调用 merge
        i = i + 2 * lenth;}
    if(i + lenth - 1 < n - 1)
       merge(r, i, i + lenth - 1, n - 1);               // 序列中的余留部分处理
}
```

整个二路归并排序就是反复调用一趟归并的算法。当有序子序列长度 length $\geqslant n$ 时整个归并排序结束。二路归并排序算法如下:

```
void mergesort(RECNODE *r, int n)
{
    int lenth = 1;
    while(lenth < n)
      {  merge_one(r, lenth, n);       // 调用"一趟归并"的算法
         lenth = 2 * lenth;            // 有序子序列长度加倍
      }
}
```

若对 n 个记录的序列执行二路归并算法,则必须做$\lceil \log_2 n \rceil$趟归并,每一趟归并的时间复杂度是 $O(n)$,所以二路归并排序算法的时间复杂度为 $O(n\log_2 n)$,算法中辅助存储量较大,需要附加一个和原序列同样的存储量。与快速排序和堆排序相比,归并排序的最大特点是,它是一种稳定的排序方法。

9.6 基数排序

基数排序是与前面介绍的各类排序方法完全不同的一种排序方法。前面几种方法主要是通过比较关键字和移动(交换)记录这两种操作来实现的,而基数排序不需要进行关

键字的比较和记录的移动(交换),它是一种基于多关键字排序的思路而对单逻辑关键字进行排序的一种内部排序方法。

9.6.1 多关键字的排序

下面通过一个例子来说明多关键字的排序。

假定扑克牌 52 张牌的次序为：2♣<3♣<…<A♣<2◇<3◇<…<A◇<2♡<3♡<…<A♠<2♠<3♠<…<A♠。每一张牌有两个“关键字”：花色(♣<◇<♡<♠)和面值(2<3<4<…<A),而且花色优先于面值,就是在比较任意两张牌的大小时,先比较花色,花色相同时再比较面值。

要将扑克牌整理成上面规定的次序,通常采用的方法是先按花色分成四堆,并按花色的次序将四堆排好,然后分别对每一堆按面值从小到大整理有序。这种方法称为**最高位优先**(most signicant digit first)法,简称 MSD 法。也可以采用另一种方法整理,先按面值分成 13 堆,并按面值大小将 13 堆排好,然后再将这 13 堆按花色分成 4 堆,4 堆牌按花色从小到大合在一起,同样完成了一副扑克牌的排序。这种方法称为最低位优先(least significant digit first)法,简称 LSD 法。

利用 LSD 方法进行排序时,可以不用前几节所述的各种通过关键字比较的方法,而是通过若干次“分配”和“收集”来实现排序,并把它用到对单逻辑关键字的排序上去。

9.6.2 链式基数排序

基数排序是借助于“分配”和“收集”两种操作来实现对单逻辑关键字排序的一种内部排序方法。

有的关键字可以看成是由若干个关键字复合而成的。例如,若关键字 K 是数值,值在 0 到 999 之间,可把 K 看成由三个关键字(K^1,K^2,K^3)组成,K^1 是百位数,K^2 是十位数,K^3 是个位数,每一个关键字的范围相同($0\leqslant K^1,K^2,K^3\leqslant 9$)。又如若关键字 K 是由五个字母组成的单词,可把 K 看成由五个关键字(K^1,K^2,K^3,K^4,K^5)组成,K^1 是第五位(最高位)上的字母,K^2 是第四位(次高位)上的字母,依次类推;假定只能是大写字母,每一个关键字的范围相同(“A”$\leqslant K^1,K^2,K^3,K^4,K^5\leqslant$“$Z$”)。按 LSD 方法进行排序：只要从最低位关键字起,按关键字的不同值将序列中的每个记录“分配”到 rd 个队列中,然后再“收集”回到序列中,如此重复 d 次。其中 rd 是单关键字的取值范围,又称为基数,如上面数值关键字的 $rd=10$;字母组成的关键字的 $rd=26$。d 是 K 关键字分成的单关键字数目,在上面数值关键字中 $d=3$;在字母组成的关键字中 $d=5$。

下面通过实例介绍链式基数排序的过程和方法。

例中的关键字均在 0～999 之间,将 K 看成由三个关键字(K^1,K^2,K^3)组成,K^1 是百位数,K^2 是十位数,K^3 是个位数。每一个关键字的范围相同($0\leqslant K^1,K^2,K^3\leqslant 9$),$rd=10$,按 LSD 方法进行排序。首先以静态链表存储 n 个待排序的记录。令表头指针指向第一个记录,并初始建立 10 个空队列。如图 9.10(a)所示。

第一趟“分配”：对记录关键字的最低位(个位数)进行。按照每个记录的关键字的最

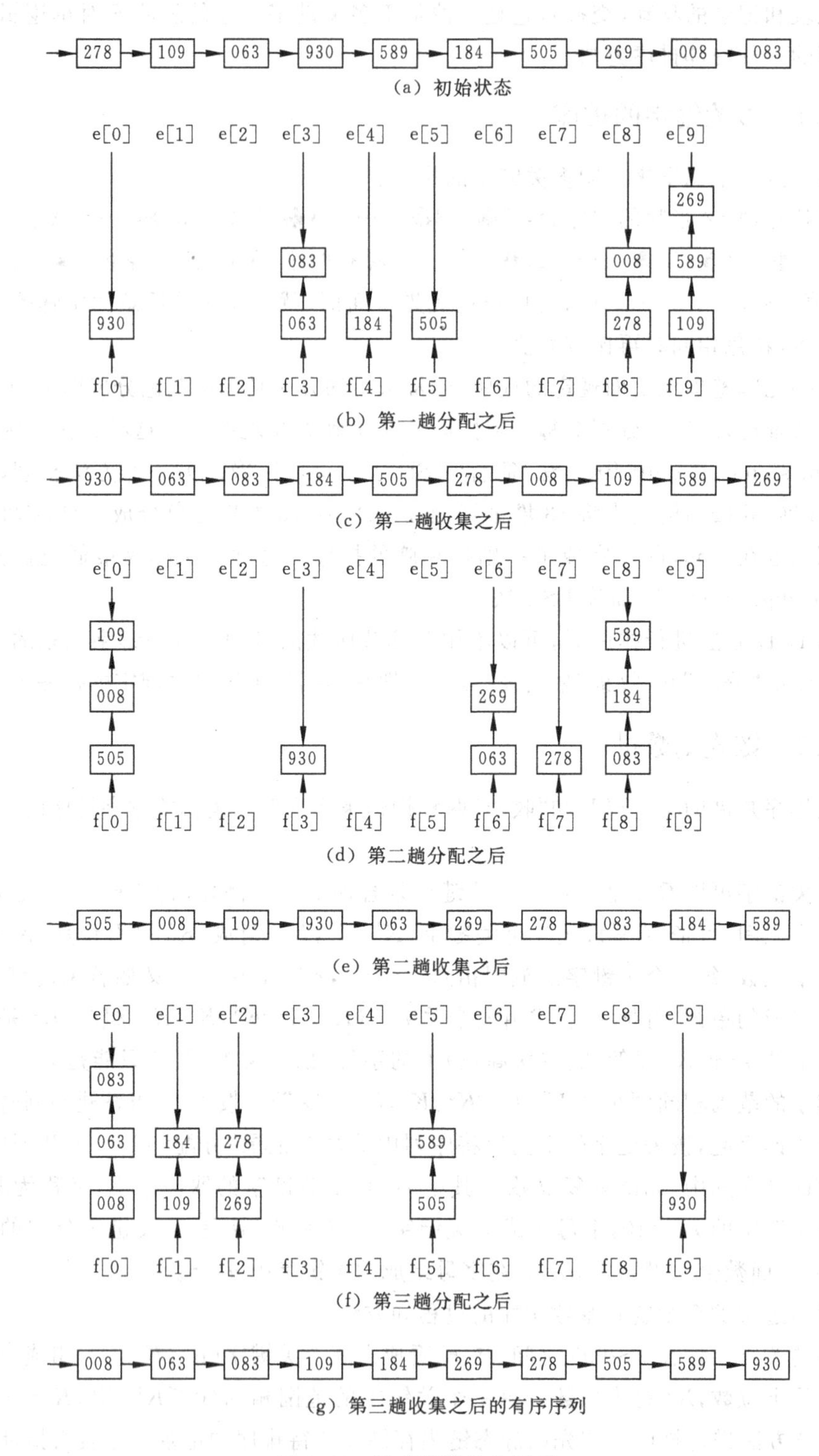

(a) 初始状态

(b) 第一趟分配之后

(c) 第一趟收集之后

(d) 第二趟分配之后

(e) 第二趟收集之后

(f) 第三趟分配之后

(g) 第三趟收集之后的有序序列

图 9.10　链式基数排序示例

低位将记录分配至10个链队列中，每个队列中记录的关键字的个位数相等。其中f[i]和e[i]为第i个队列的头指针和尾指针，如图9.10(b)所示。

第一趟“收集”：表头指针指向第一个非空队列的头指针f[0]；修改每一个非空队列尾指针，令其指向下一个非空队列的队头记录，将队列中的10个记录重新链成一个链表，如图9.10(c)所示。

第二趟“分配”：先将10个队列置空。对记录关键字的十位数进行分配。按照每个记录的关键字的十位数将记录分配至10个链队列中，每个队列中记录的关键字的十位数相等，如图9.10(d)所示。

第二趟“收集”：表头指针指向第一个非空队列的头指针f[0]；修改每一个非空队列尾指针，令其指向下一个非空队列的队头记录，将队列中的10个记录重新链成一个链表，如图9.10(e)所示。

第三趟“分配”、第三趟“收集”的过程和前面相同，分别如图9.10(f)和9.10(g)所示。

基数排序是稳定排序。

9.7 各种内部排序方法的比较与讨论

排序在计算机程序设计中非常重要，上面讲述的各种排序方法各有其优缺点，适用的场合也不同。在选择排序方法时需要考虑的因素有：①待排序的记录数目n的大小；②记录本身数据量的大小，也就是记录中除关键字外的其他信息量的大小；③关键字的结构及其分布情况；④对排序稳定性的要求。

依据这些条件，可得出如下几点结论：

(1) 若n较小，可采用直接插入排序或直接选择排序。

(2) 若记录的初始状态已经按关键字基本有序，则选用直接插入排序或冒泡排序法为宜。

(3) 若n较大，则应采用时间复杂度为$O(n\log_2 n)$的排序方法：快速排序、堆排序或归并排序。快速排序被认为是目前基于比较记录关键字的内部排序中最好的排序方法，当待排序序列的关键字是随机分布时，快速排序的平均时间复杂度最优；但堆排序所需的辅助空间少于快速排序，并且在最坏情况下时间复杂性不会变化。这两种排序都是不稳定排序。若要求稳定排序，则可选用归并排序。

(4) 基数排序可在$O(d \times n)$时间内完成对n个记录的排序，d是指单逻辑关键字的个数，一般远少于n。但基数排序只适用于字符串和整数这类有明显结构特征的关键字。若n很大，d较小时，用基数排序较好。

(5) 前面讨论的排序算法，除基数排序外，都是在向量存储上实现的。当记录本身的信息量很大时，为避免大量时间用在移动数据上，可以用链表作为存储结构。插入排序和归并排序都易在链表上实现，但有的排序方法，如快速排序和堆排序在链表上却很难实现。

习 题

9-1 单项选择题。

(1) 下列排序方法中，时间复杂度不受数据初始状态影响，恒为 $O(n\log_2 n)$ 的是________。

A. 堆排序 B. 冒泡排序 C. 直接选择排序 D. 快速排序

(2) 下列排序方法中，在待排序的数据已经为有序时，花费时间最多的是________。

A. 快速排序 B. 直接选择排序 C. 冒泡排序 D. 堆排序

(3) 已知表 A 在排序前已按关键字值递增排序，则________方法的比较次数最少。

A. 直接插入排序 B. 快速排序 C. 归并排序 D. 选择排序

(4) 快速排序方法在________情况下最不利于发挥其长处。

A. 要排序的数据量太大 B. 要排序的数据中含有多个相同值

C. 要排序的数据已基本有序 D. 要排序的数据个数为奇数

(5) 若一组记录的关键字为(46,79,56,38,40,84)，则利用堆排序的方法建立的初始堆为________。

A. 79,46,56,38,40,80 B. 84,79,56,38,40,46

C. 84,79,56,46,40,38 D. 84,56,79,40,46,38

(6) 若一组记录的关键字为(46,79,56,38,40,84)，则利用快速排序的方法，以第 1 个记录为基准得到的一次划分结果为________。

A. 38,40,46,56,79,84 B. 40,38,46,79,56,84

C. 40,38,46,56,79,84 D. 40,38,46,84,56,79

(7) 已知 10 个数据元素为(54,28,16,34,73,62,95,60,26,43)，对该数列按从小到大排序，经过一趟冒泡排序后的序列为________。

A. 16,28,34,54,73,62,60,26,43,95

B. 28,16,34,54,62,73,60,26,43,95

C. 28,16,34,54,62,60,73,26,43,95

D. 16,28,34,54,62,60,73,26,43,95

(8) 以下排序方法中，最好时间复杂度为 $O(n)$ 的依次是________、________。

A. 直接插入排序 B. 直接选择排序

C. 冒泡排序 D. 快速排序

(9) 以下排序方法中，最坏时间复杂度为 $O(n^2)$ 的依次是________、________。

A. 直接插入排序 B. 直接选择排序

C. 堆排序 D. 归并排序

9-2 判断以下叙述的正确性。

(1) 只有在记录的关键字的初始状态为逆序排列的情况下，冒泡排序过程中元素的移动次数才会达到最大值。

(2) 只有在记录的关键字的初始状态为逆序排列的情况下，直接选择排序过程中元素的移动次数才会达到最大值。

(3) 只有在记录的关键字的初始状态为逆序排列的情况下，直接插入排序过程中元素的移动次数才会达到最大值。

(4) 只有在记录的关键字的初始状态为顺序排列的情况下，快速排序过程中关键字的比较次数才会达到最大值。

(5) 对 n 个元素进行直接选择排序，关键字的比较次数总是 $n(n-1)/2$ 次。

(6) 对 n 个元素执行快速排序，在进行第一次分组时，关键字的比较次数总是 $n-1$ 次。

9-3 以关键字序列(265,301,751,129,937,863,742,694,076,438)为例，分别写出执行以下排序算法的各趟排序结束时，关键字序列的状态。

(1) 直接插入排序 (2) 冒泡排序 (3) 直接选择排序

(4) 快速排序 (5) 堆排序 (6) 归并排序 (7) 基数排序

9-4 一个线性表中的元素为正整数和负正整数。设计一算法，将正整数和负整数分开，使线性表的前一半为负整数，后一半为正整数。

9-5 不难看出，对长度为 n 的记录序列进行快速排序时，所需进行的比较次数依赖于这 n 个元素的初始序列。

(1) 当 $n=7$ 时，在最好情况下需进行多少次比较？说明理由。

(2) 给出 $n=7$ 时的一个最好情况的初始排列实例。

9-6 判别以下序列是否为堆(小顶堆或大顶堆)，如果不是，则按算法把它调整为堆。

(1) (100, 86, 48, 73, 35, 39, 42, 57, 66, 21);

(2) (12, 70, 33, 65, 24, 56, 48, 92, 86, 33);

(3) (103, 97, 56, 38, 66, 53, 42, 12, 30, 52, 06, 20);

(4) (05, 56, 20, 3, 23, 40, 38, 29, 61, 5, 76, 28, 100)。

9-7 编写程序，实现直接插入排序。

9-8 编写程序，实现冒泡排序。

9-9 编写程序，实现简单选择排序。

9-10 编写程序，实现快速排序。

9-11 编写程序，实现堆排序。

9-12 编写程序，实现二路归并排序。

9-13 编写程序，将上面的各个排序算法合并在一个综合程序中，通过菜单选择方式对数据进行排序。

实 训 题

9-14 单项选择题。

(1) 下列排序方法中，某一趟结束后未必能选出一个元素放在其最终位置上的是________。

A. 堆排序 B. 冒泡排序 C. 直接插入排序 D. 快速排序

(2) 依次将待排序序列中的元素和有序序列合并为一个新的有序子序列的排序方

法是________。

A. 快速排序　B. 插入排序　C. 冒泡排序　D. 堆排序

(3) 在下列排序方法中,关键字比较的次数与记录的初始排列次序无关的是________。

A. 快速排序　B. 冒泡排序　C. 插入排序　D. 选择排序

(4) 数据表A中有10000个元素,如果仅要求选出其中最大的10个元素,则采用________方法最节省时间。

A. 堆排序　B. 冒泡排序

C. 快速排序　D. 直接选择排序

(5) 一组记录的关键字为(25,48,16,35,79,82,23,40,36,72),其中,含有5个长度为2的有序表,按归并排序的方法对该序列进行一趟归并后的结果为________。

A. 16,25,35,48,23,40,79,82,36,72

B. 16,25,35,48,79,82,23,36,40,72

C. 16,25,48,35,79,82,23,36,40,72

D. 16,25,35,48,79,23,36,40,72,82

(6) 有一组记录的关键字为(48,36,68,99,75,24,28,52),对其进行快速排序,要求结果从小到大排序,则进行一次划分之后结果为________。

A. (24 28 36) 48 (52 68 75 99)　B. (28 36 24) 48 (75 99 68 52)

C. (36 88 99) 48 (75 24 28 52)　D. (28 36 24) 48 (99 75 68 52)

(7) 以下排序方法中,平均时间复杂度为$O(n^2)$的依次是________、________。

A. 直接插入排序　B. 冒泡排序

C. 快速排序　D. 基数排序

9-15 判断以下叙述的正确性。

(1) 内排序中的快速排序方法,在任何情况下均可得到最快的排序效果。

(2) 基数排序的设计思想是依照对关键字值的比较来实施的。

(3) 当待排序的元素很大时,为了交换元素的位置,移动元素要占用较多的时间,这是影响时间复杂度的主要因素。

(4) 对一个堆,按二叉树层次进行遍历可以得到一个有序序列。

9-16 对于给定的一组关键字:83,40,63,13,84,35,96,57,39,79,61,15,分别画出用直接插入排序、冒泡排序、简单选择排序、快速排序、堆排序、归并排序对上述序列进行中的各趟结果。

9-17 试比较直接插入排序、冒泡排序、简单选择排序、快速排序、堆排序、归并排序的特点和各自的适应性。分析它们的算法平均时间复杂度。

9-18 编写程序,实现直接插入排序,将监视哨设在高位。

9-19 编写程序,实现快速排序,用非递归算法实现。用栈和队列都可以。

数据存储类型说明

```
#define  DATATYPE1   int
#define  DATATYPE2   char
#define  KEYTYPE     int
#define  MAXSIZE     100
#define  MAXLEN      40
#define  VEXTYPE     int
#define  ADJTYPE     int
```

顺序表存储结构的数据类型说明

```
typedef struct
{ DATATYPE1 datas[MAXSIZE];
  int last;
}SEQUENLIST;
```

单链表存储结构的数据类型说明

```
typedef struct node
{
 DATATYPE2 data;
 struct node *next;
}LINKLIST;
```

双链表存储结构的数据类型说明

```
typedef struct dnode
{DATATYPE2 data;
 struct dnode *prior, *next;
} DLINKLIST;
```

顺序栈存储结构的数据类型说明

```
typedef struct
{ DATATYPE1 data[MAXSIZE];
  int top;
}SEQSTACK;
```

链栈存储结构的数据类型说明

```
typedef struct snode
{ DATATYPE2 data;
  struct snode *next;
}LINKSTACK;
```

顺序队列存储结构的数据类型说明

```
typedef struct
{ DATATYPE1 data[MAXSIZE];
  int front, rear;
}SEQQUEUE;
```

链队列存储结构的数据类型说明

```
typedef struct qnode
{ DATATYPE1 data;
  struct qnode *next;
}LINKQLIST;

typedef struct
{ LINKQLIST *front, *rear;
}LINKQUEUE;
```

顺序串存储结构的数据类型说明

```
typedef struct
{ char ch[MAXSIZE];
  int len;
}SEQSTRING;
```

串的堆存储结构的数据类型说明

```
typedef struct
{ char *ch;
```

```
  int len;
} HSTRING;
```

稀疏矩阵三元组顺序存放的数据类型说明

```
typedef struct
{ int i, j;
  DATATYPE1 v;
}NODE;

typedef struct
{ int m, n, t;
  NODE data[MAXLEN];
}SPMATRIX;
```

二叉树的顺序存储结构类型说明

```
typedef struct
{ DATATYPE2 bt[MAXSIZE];
  int btnum;
}BTSEQ;
```

二叉树的二叉链表存储结构类型说明

```
typedef struct node1
{ DATATYPE2 data;
  struct node1 *lchild, *rchild;
}BTCHINALR;
```

二叉树的三叉链表(带双亲结点指针域)存储结构类型说明

```
typedef struct node2
{ DATATYPE2 data;
  struct node2 *lchild, *rchild, *parent;
}BTCHINALRP;
```

树的双亲表示法存储结构类型说明

```
typedef struct
{ DATATYPE2 data;
  int parent;
}PTNODE;
```

```
typedef struct
{ PTNODE nodes[MAXSIZE];
  int nodenum;
}PTTREE;
```

树的孩子链表表示法存储结构类型说明

```
typedef struct cnode
{ int child;
  struct cnode * next;
}CHILDLINK;

typedef struct
{ DATATYPE2 data;
  CHILDLINK * headptr;
}CTNODE;

typedef struct
{CTNODE nodes[MAXSIZE];
 int nodenum, rootset;
}CTTREE;
```

树的孩子兄弟表示法二叉链表结构类型说明

```
typedef struct csnode
{ DATATYPE2 data;
  struct csnode * firstchild, * nextsibling;
}CSNODE;
```

图的邻接矩阵存储结构说明

```
typedef struct
{ otherdata ……;    // 图中边的信息,在下面的分析和讨论中忽略不考虑
  VEXTYPE vexs[MAXLEN];      // 图中顶点的信息
  ADJTYPE arcs[MAXLEN][MAXLEN];      // 邻接矩阵
  int vexnum, arcnum;      // 顶点数和边数
  int kind;                // 图的类型
                           // 有向图 1;无向图 2;有向网 3;无向网 4
}MGRAPH;
```

图的邻接链表存储结构说明

```
typedef struct node3      // 表结点结构
```

```
{ int adjvex;              // 存放与表头结点相邻接的顶点在数组中的序号
  struct node3 * next;     // 指向与表头结点相邻接的下一个顶点的表结点。
}EDGENODE;

typedef struct
{ VEXTYPE vertex;          // 存放图中顶的信息
  EDGENODE * link;         // 指针指向对应的单链表中的表结点
} VEXNODE;

typedef struct
{ VEXNODE   adjlist[MAXLEN];    // 邻接链表表头向量
  int       vexnum, arcnum;     // 顶点数和边数
  int       kind;               // 图的类型
                                // 有向图 1;无向图 2;有向网 3;无向网 4
}ADJGRAPH;
```

顺序表上顺序查找数据类型说明

```
typedef struct
{ KEYTYPE key;
  otherdata ……;     // 记录的其余数据部分,在下面的讨论和算法中忽略不考虑
}SSELEMENT;

typedef struct
{ SSELEMENT r[MAXSIZE];
  int len;
}SSTABLE;
```

采用二叉链表作为存储结构的二叉排序树的数据类型说明

```
typedef struct node4
{KEYTYPE key;
 otherdata ……;       // 结点的其余数据部分,在下面的讨论和算法中忽略不考虑
struct node4 * lchild, * rchild;
} BSTNODE;
```

开散列表结构类型说明

```
typedef struct node5
{
   KEYTYPE key;
   otherdata ……;      // 记录的其余数据部分,在下面的讨论和算法中忽略不考虑
   struct node5 * next;
```

```
}CHAINHASH;
```

闭散列表结构类型说明

```
typedef struct
{
    KEYTYPE key;
    otherdata ……;       // 记录的其余数据部分,在下面的讨论和算法中忽略不考虑
}HASHTABLE;
```

待排记录的数据类型说明

```
typedef struct
{ KEYTYPE key;
  otherdata ……;     // 记录的其余数据部分,在下面的讨论和算法中忽略不考虑
}RECNODE;
```

参 考 文 献

[1] Horowitz E, Sahni S. Fundamentals of Data Structures. Pitmen Publishing Limited, 1976
[2] 严蔚敏,吴伟民. 数据结构. 第2版. 北京:清华大学出版社,1992
[3] 陈小平. 数据结构. 南京:南京大学出版社,1994
[4] 唐策善,李龙澍,黄刘生. 数据结构——用C语言描述. 北京:高等教育出版社,1995
[5] 杨秀金. 数据结构实用教程. 北京:科学出版社,1996
[6] 谭浩强. C程序设计. 北京:清华大学出版社,1998
[7] SHAFFE C A. 数据结构及算法分析. 张铭,刘晓丹译. 北京:电子工业出版社,1998
[8] 李春葆. 数据结构(C语言篇)习题与解析. 北京:清华大学出版社,1999

读者意见反馈

亲爱的读者：

感谢您一直以来对清华版计算机教材的支持和爱护。为了今后为您提供更优秀的教材，请您抽出宝贵的时间来填写下面的意见反馈表，以便我们更好地对本教材做进一步改进。同时如果您在使用本教材的过程中遇到了什么问题，或者有什么好的建议，也请您来信告诉我们。

地址：北京市海淀区双清路学研大厦A座602室　计算机与信息分社营销室 收
邮编：100084　电子信箱：jsjjc@tup.tsinghua.edu.cn
电话：010-62770175-4608/4409　邮购电话：010-62786544

教材名称：数据结构（第2版）

ISBN：978-7-302-15252-1

个人资料

姓名：＿＿＿＿＿＿　年龄：＿＿＿　所在院校/专业：＿＿＿＿＿＿

文化程度：＿＿＿＿＿　通信地址：＿＿＿＿＿＿＿＿＿＿

联系电话：＿＿＿＿＿　电子信箱：＿＿＿＿＿＿＿＿＿＿

您使用本书是作为：□指定教材 □选用教材 □辅导教材 □自学教材

您对本书封面设计的满意度：

□很满意 □满意 □一般 □不满意　改进建议＿＿＿＿＿＿＿＿

您对本书印刷质量的满意度：

□很满意 □满意 □一般 □不满意　改进建议＿＿＿＿＿＿＿＿

您对本书的总体满意度：

从语言质量角度看 □很满意 □满意 □一般 □不满意

从科技含量角度看 □很满意 □满意 □一般 □不满意

本书最令您满意的是：

□指导明确 □内容充实 □讲解详尽 □实例丰富

您认为本书在哪些地方应进行修改？（可附页）

＿＿＿＿＿＿＿＿＿＿＿＿＿＿＿＿＿＿＿＿＿＿＿＿

＿＿＿＿＿＿＿＿＿＿＿＿＿＿＿＿＿＿＿＿＿＿＿＿

您希望本书在哪些方面进行改进？（可附页）

＿＿＿＿＿＿＿＿＿＿＿＿＿＿＿＿＿＿＿＿＿＿＿＿

＿＿＿＿＿＿＿＿＿＿＿＿＿＿＿＿＿＿＿＿＿＿＿＿

电子教案支持

敬爱的教师：

为了配合本课程的教学需要，本教材配有配套的电子教案（素材），有需求的教师可以与我们联系，我们将向使用本教材进行教学的教师免费赠送电子教案（素材），希望有助于教学活动的开展。相关信息请拨打电话 010-62776969 或发送电子邮件至 jsjjc@tup.tsinghua.edu.cn 咨询，也可以到清华大学出版社主页（http://www.tup.com.cn 或 http://www.tup.tsinghua.edu.cn）上查询。